ÉTUDES CHIMIQUES

SUR LES

COURS D'EAU

DU DÉPARTEMENT DE LA LOIRE-INFÉRIEURE.

Nantes, imprimerie de Mme veuve Camille Mellinet. — 41.812.

ÉTUDES CHIMIQUES

SUR LES

COURS D'EAU

DU DÉPARTEMENT DE LA LOIRE-INFÉRIEURE

CONSIDÉRÉS AU POINT DE VUE DE L'AGRICULTURE, DE L'HYGIÈNE ET DE L'INDUSTRIE ;

PAR

ADOLPHE BOBIERRE,

Ex-professeur suppléant à l'École Supérieure de Paris,
membre de la Société Industrielle d'Angers, de la Société médicale
d'Amiens, etc. ;

ET

ED. MORIDE,

Pharmacien, ex-préparateur des Cours de chimie et d'histoire naturelle à
l'École de Médecine de Nantes.

> A une époque où l'on se préoccupe sérieusement de
> l'irrigation, sous le rapport agricole, une étude chimique
> des eaux présenterait beaucoup d'intérêt.
>
> BOUSSINGAULT. — *Écon. rurale.*

MÉMOIRE COMMUNIQUÉ A L'ACADÉMIE ROYALE DES SCIENCES,
DANS LA SÉANCE DU 16 NOVEMBRE 1846.

NANTES,

P. SEBIRE, ÉDITEUR, PLACE DU PILORI, 5.

1847.

A

M. BOUSSINGAULT,

DE L'ACADÉMIE ROYALE DES SCIENCES DE L'INSTITUT,
MEMBRE DE LA LÉGION-D'HONNEUR,
PROFESSEUR D'ÉCONOMIE RURALE AU CONSERVATOIRE DES ARTS ET
MÉTIERS.

Hommage des auteurs.

ADOLPHE BOBIERRE ET ED. MORIDE.

ERRATA.

—

Page 1, ligne 5, *au lieu de :* qui, quoi qu'on en ait dit ; *lisez :* qui, malgré ce qu'on a pu dire.

Page 25, ligne 2, *au lieu de :* pour protéger contre l'absorption ; *lisez :* pour pratiquer l'absorption.

Page 35, ligne 9, *au lieu de :* Bochrane ; *lisez :* Boërhaave.

Page 49, ligne 30, *au lieu de :* après qu'elle ; *lisez :* lorsqu'elle.

Page 50, ligne 21, *au lieu de :* premières villes ; *lisez :* principales villes.

A

M. BOUSSAINGAULT,

DE L'ACADÉMIE ROYALE DES SCIENCES DE L'INSTITUT,
PROFESSEUR D'ÉCONOMIE RURALE AU CONSERVATOIRE DES ARTS ET
MÉTIERS.

Les Auteurs,

Organes spontanés de la reconnaissance des Agronomes.

ADOLPHE BOBIERRE ET ED. MORIDE.

Le morcellement de la propriété, en même temps qu'il a augmenté le revenu territorial de la France, a éveillé l'attention des savants et des agriculteurs sur les moyens plus logiques de production économique, et sur les études théoriques, qui, quoi qu'on en ait dit, constituent en réalité la base de toute exploitation bien entendue, qu'elle ait d'ailleurs trait à l'agriculture ou à l'industrie proprement dite.

On aura probablement de la peine à croire, dans une centaine d'années, lorsque l'agriculture sera pratiquée suivant des règles à peu près certaines et toujours en rapport avec les données de la saine logique, qu'un ordre de choses tout contraire a pu être défendu pendant un laps de temps assez considérable, et qu'au lieu de rechercher avec empressement le secours de la science, certains agriculteurs ont rejeté ses indications comme fallacieuses et erronées; comme si l'on pouvait s'en prendre à l'outil de la mauvaise confection de l'ouvrage qu'il sert quelquefois à produire entre des mains inhabiles; comme si la science, qui n'est en définitive que l'expérience expliquée, pouvait induire en erreur lorsque ses indications sont sagement interprétées.

Nul doute qu'on ne puisse attribuer, avec raison, à ces injustes préventions, que nous avons vu si souvent susciter contre la théorie, l'état d'empirisme et d'infériorité relative de l'agriculture française; nul doute qu'on ne puisse attribuer aussi à la propagation des saines idées de physiologie chimique le progrès qu'elle a réalisé, depuis quelques années, dans certaines localités de la France. Et qu'on ne vienne pas nous accuser ici de pessimisme, lorsque nous parlons de l'infériorité agricole relative de notre pays. Car il suffit de jeter un rapide coup d'œil sur les merveilleux enfantements que l'industrie manufacturière a réalisés depuis une quinzaine d'années, pour se convaincre immédiatement de ce qu'il nous reste à faire pour ne plus avoir devant les yeux un parallélisme choquant, et qu'il est de notre devoir de signaler.

Mais, il faut le dire, et ce n'est pas sans une vive satisfaction que nous nous plaisons à le consigner ici, si quelques agriculteurs restent encore aujourd'hui sourds à la voix de la science, si une méfiance quelque peu naturelle s'oppose encore à leur conversion aux doctrines qui s'infiltrent peu à peu dans les masses, combien n'en voyonsnous pas qui saisissent avec avidité les errements que les Boussaingault, les Dumas, les Liebig, contribuent chaque jour à répandre chez les classes agricoles, et sous forme de préceptes dans la chaire des écoles, et sous forme d'exemples dans le cours d'une pratique sagement coordonnée.

On ne saurait trop le répéter, un champ à cultiver est une usine à administrer. Le fabricant intelligent procède du connu à l'inconnu, et s'appuie sur l'examen des matières premières, auxquelles il a recours pour se rendre compte des phénomènes plus ou moins contradictoires en apparence que lui offrent souvent les produits fabriqués. De même, l'agriculteur, pour trouver la cause de tel ou tel insuccès que la routine seule ne peut souvent lui faire éviter, doit chercher dans l'examen des matières premières qu'il emploie l'explication des anomalies apparentes qui se présentent à lui pendant le cours de la végétation, ou par l'examen du produit récolté. Or, tandis que l'industrie manufacturière a recours à une foule de matériaux de diverses natures pour accomplir sa mission civilisatrice, l'agriculture, au contraire, avec quelques matières premières extrêmement simples, fournit à l'homme la base la plus positive de son existence et de son bien-être sur la terre. C'est que, dans le premier cas, l'art accomplit le travail; tandis que, dans celui-ci, le doigt de la nature procrée le chef-d'œuvre !

La constitution géologique du sol à exploiter et l'organisation intime de la plante à cultiver, tels sont les deux éléments du problème que doit résoudre l'agriculteur; le choix des substances capables de modifier la nature du terrain constitue l'inconnu de l'équation, que les notions les plus simples de la physiologie végétale permettent de trouver avec une incontestable facilité.

L'empirisme, a dit le savant professeur de Giessen, at-

tribue tout succès de l'art aux opérations mécaniques de
l'agriculture : il les regarde comme ce qu'il y a de plus important, sans s'enquérir des causes sur lesquelles repose
leur utilité ; et cependant c'est cette connaissance qui est
réellement la plus importante ; car c'est par elle que l'emploi des capitaux, que la dépense des forces, se règlent de la
manière la plus avantageuse, en ce qu'elle prévient toute
prodigalité. Est-il croyable que le passage du soc ou de la
herse à travers la terre, que le simple contact du fer, suffi-
sent pour communiquer la fertilité au sol comme par ma-
gie ? Personne ne l'admettra assurément, et pourtant c'est
là une question qui n'est point encore décidée aux yeux de
beaucoup d'agriculteurs. Il est certain que ce qui exerce
une influence favorable dans un labour fait avec soin, c'est
la division mécanique extrême, c'est le changement, c'est
l'ameublissement que ce labour produit à la surface du sol ;
mais l'opération mécanique n'est ici qu'un simple moyen
pour atteindre le véritable but.

Tout en conservant aux agents mécaniques qui inter-
viennent dans la pratique agricole l'importance incontestable qui leur est due, nous ne saurions trop insister sur
l'immensité du rôle des matières capables de modifier la
nature du terrain à ensemencer. Ces matières, que l'on ne
commence à étudier, d'une manière approfondie, que depuis quelques années, et au commerce desquelles préside le
plus révoltant empirisme dans certaines localités, constituent les engrais ; tantôt ils agissent comme aliment im-
médiat de la plante, tantôt comme correctifs de la composition du sol. Quoi qu'il en soit, la base de toute agriculture
bien entendue, le levier le plus puissant de production

territoriale , le rudiment de tout système général d'engrais-
sement, nous croyons, pour notre part, que c'est cette substance répandue par la nature avec une si luxuriante prodigalité, l'eau en un mot, qui, ainsi que nous allons le démontrer , est l'engrais type et sans lequel il n'y a pas d'agriculture possible.

Sans eau , en effet, pas de prairies ; sans prairies, pas de
bestiaux; sans bestiaux, pas d'engrais; sans engrais, pas de
graminées. C'est sous l'influence de cette pensée, si bien
comprise en Lombardie et dans plusieurs autres pays, que
l'un de nous écrivait, il y a quelque temps, les lignes suivantes relativement à l'action du sel marin sur la végétation : « La même conviction qui porte certains agronomes à voir dans le sel marin l'unique sauveur de l'agriculture, nous porte à accorder un immense rôle à l'action
convenablement étudiée des irrigations. L'introduction sagement entendue des irrigations peut, on ne saurait le
contester, augmenter énormément notre richesse territoriale, dont l'aveugle routine a, jusqu'à ce jour , consacré
l'infériorité relative. La France manque, en effet, de bestiaux, et par conséquent d'engrais; en 1841, nous avons im-
porté pour 94 millions de matières animales; depuis 19
ans, nous importons annuellement quinze mille chevaux :
ce manque de chevaux et de bestiaux provient du défaut
de prairies ; or, pour en créer , il ne faut que vouloir uti-
liser les nombreux cours d'eau qui existent sur notre ter-
ritoire, et que nous laissons follement porter à la mer des
richesses incalculables. Sous ce rapport, les Italiens et les
Arabes sont encore nos maîtres. »

L'utilité de l'eau comme foyer inépuisable d'abondance

étant une fois bien constatée, on est naturellement conduit à rechercher comment elle agit, et l'étude de sa manière d'être nous donne bientôt cette conviction que, indépendamment des gaz que par sa décomposition elle fait concourir à la formation du végétal arrosé, elle apporte aussi à ce même végétal une foule de substances minérales extrêmement ténues qu'elle dépose alors dans les cavités cellulaires dont son organisme est formé. Nous disons indépendamment des gaz, car chacun sait qu'aspirée par les canaux de la plante, l'eau subit dans celle-ci une décomposition manifeste ; que son hydrogène est fixé, tandis que son oxigène se dégage dans l'atmosphère, et qu'en même temps, pendant l'acte de la végétation, il se fixe de l'eau en nature sous l'influence vitale ; ou au moins retrouvonsnous, par l'analyse du tissu ligneux, de l'hydrogène et de l'oxigène dans les rapports qui constituent l'eau, quel que soit d'ailleurs le mode suivant lequel elle est fixée.

Il résulte de ces faits et des propriétés si différentes que possèdent les substances minérales et organiques des terrains, lorsqu'elles se trouvent en contact avec l'eau, que la composition de cette dernière sera soumise à mille causes diverses qu'on ne saurait étudier avec trop de soin, nonseulement comme pouvant éclairer l'agriculture, mais encore comme indispensables à l'hygiène et aux opérations industrielles fondées sur l'emploi de ces mêmes eaux.

Les eaux des rivières sont généralement moins riches en matières salines que les eaux de sources ; mais celles-ci, en revanche, sont toujours plus fraîches et plus limpides. Les eaux des rivières, en effet, sont presque constamment troubles. A chaque averse, les eaux torrentielles, pendant leur course précipitée, se chargent de terre végétale , de glaise , de gravier , de mille détritus organiques qu'elles arrachent au sol, et l'ensemble de ces matières est entraîné pêle-mêle jusque dans le lit des rivières. Les proportions des matières étrangères tenues en suspension dans les rivières sont en raison du volume des eaux , de leur rapidité et de la longueur de leur cours , et aussi en rapport avec la nature du sol que ces rivières traversent et les pluies plus ou moins fréquentes. Il nous sera, du reste, facile de prouver par quelques chiffres l'influence évidente des matières salines contenues dans les eaux fluviales. Ainsi Rennel a calculé que le Gange entraîne à la mer 860,149 mètres cubes de terre par heure, ce qui forme la deux centième partie du volume de ses eaux. L'alluvion déposé par les eaux du Nil forme la cent vingtième partie de son volume et égale 5,068 mètres cubes par heure. Le Mississipi dépose 2,742 mètres cubes de terre par heure, et le Hoan-Ho, en Chine, porte chaque heure à la mer 686 mètres cubes de sédiment terreux. Dans la Seine , la proportion des matières en suspension s'élève quelquefois jusqu'à un deux-millième. Ainsi, celui qui boirait dans sa journée 3 litres d'eau de Seine non filtrée, à l'époque des plus fortes crues, chargerait son estomac d'un gramme et demi de substances terreuses. On ne sait quel pourrait être à la longue l'effet de ces substances sur la santé ; mais il est facile de prévoir quelle importance on doit attribuer à ces divers résultats, sous le rapport de la physiologie , toutes les fois que de telles eaux seront appelées à communiquer aux plantes la force végétative. Il résulte, en effet, des recherches de M. Boussaingault que plus de 100 kilogrammes de sels propres à la végétation sont amenés dans les fumiers seulement par la boisson des animaux herbivores.

Si nous quittons le domaine de l'agriculture pour apprécier l'action hygiénique des eaux, et si nous examinons les résultats produits sur l'économie animale par les plus faibles modifications dans la nature des sels retenus en dissolution et en suspension par ces mêmes eaux, si enfin nous poussons plus loin nos investigations en analysant les gaz qu'elles renferment, nous ne tardons pas à reconnaître que dans la nature rien n'est dû au hasard, mais qu'une divine sollicitude perce dans tous les actes de la création, où le remède le plus salutaire accompagne toujours le poison le plus subtil, où tout s'enchaîne, en un mot, pour donner à l'homme l'idée de la toute-puissance et de l'unitéisme, clef de voûte de l'harmonie universelle.

Tout le monde sait que telle eau est potable et que telle autre est insalubre, que celle-ci est facile à digérer, que celle-là est d'une digestion lente et difficile ; mais ce que tout le monde ne sait pas, c'est que par tel ou tel moyen on peut modifier les propriétés si diverses des eaux potables. Or, où chercher le remède, si ce n'est dans la connaissance du mal? Où trouver l'antidote, si nous ne mettons le doigt sur le poison? Comment modifier la composition de l'eau, si nous n'en connaissons l'analyse (1) ?

---

(1) Plusieurs maladies épidémiques ont été considérées comme étant la conséquence de l'emploi habituel de certaines eaux ; c'est à cette cause que l'on rapporte les goîtres si fréquents dans les Alpes, les Cordillières, le Tyrol, etc. ; la carie des dents commune aux habitants d'une foule de localités ; la diarrhée qui at-

Enfin, si nous poursuivons notre examen et si nous jetons un regard sur les nombreuses applications de l'eau comme cheville ouvrière de l'industrie, nous voyons encore son emploi complétement subordonné à la nature

---

taque les étrangers, au bout de quelque temps de leur séjour à Paris, etc.

L'opinion générale assigne l'origine du goître aux propriétés nuisibles de l'eau. On voit, en effet, souvent des goîtreux changer de résidence et séjourner pendant quelque temps dans un pays où la maladie n'est pas endémique. Climat, régime, habitudes, rien, excepté l'eau, n'est changé, et la guérison ne tarde pas à être complète. Bien plus, des personnes fixées dans des endroits où le goître est presque général ont pu s'y soustraire en s'abstenant de boire de l'eau du lieu qu'elles habitaient, et n'employant que celle qu'elles faisaient venir de quelque rivière réputée bonne. Mais en quoi l'eau qui ne produit pas le goître se distingue-t-elle de celle qui le produit? S'il faut en croire M. Boussaingault, la seule différence qui existe entre elles vient de ce que l'une est oxigénée, tandis que l'autre ne l'est pas ou l'est à peine. Quant à la cause de cette disparition de l'oxigène, elle est loin d'être unique; en première ligne nous placerons l'élévation du sol. Il est, en effet, facile de concevoir qu'à mesure qu'on s'élève, l'air retenu par l'eau diminue de quantité, à tel point que, dans les Cordillières, par exemple, il n'en reste pas assez à 3,600 mètres pour entretenir la vie chez les poissons; aussi ne rencontre-t-on plus ces animaux dans les étangs de diverses localités où la température moyenne monte encore à + 8° centig., et pourtant la végétation y est active et les insectes nombreux. Des expériences directes faites sur les eaux dont on se sert dans plusieurs contrées élevées où le goître est endémique, ont donné par litre, après les corrections de température et de pression, 11,8 cent. cubes de gaz (Santa-Fé de Bogota, 2,640 mètres), et après 24 heures ou même 72 heures d'exposition à l'air, 14,2 c. c. L'eau de la Loire nous

des matières qu'elle tient en dissolution. Une chaudière à vapeur ne pourrait être alimentée par certaines eaux qui occasionneraient à la surface interne de ses parois un dépôt trop considérable.

---

a toujours offert de 17 à 21 cent. cubes. — L'eau de pluie elle-même, qui, traversant l'air sous forme de gouttelettes, est dans la condition la plus favorable pour retenir l'air, ne renfermait à Santa-Fé qu'une faible proportion de ce gaz. — Du reste, M. Boussaingault a signalé une particularité des plus curieuses et bien propre à corroborer ses assertions : le village de Mariquita, où le goître est très-commun, n'est élevé que de quelques centaines de mètres au-dessus du niveau de la mer ; mais l'eau qu'on y boit provient de glaciers de la Cordillière centrale, dont l'un, celui de Ruiz, a plus de 5,000 mètres.

L'auteur a connu dans ce pays une famille au sein de laquelle la maladie ne se montrait pas. Il a appris, par la suite, qu'on y était dans l'habitude de conserver l'eau du Guali dans un endroit frais, pendant 30 ou 40 heures, avant de s'en servir ; plusieurs personnes du même lieu lui ont affirmé qu'en laissant reposer l'eau des torrents pendant un ou deux jours elle ne produisait plus le goître. N'est-il pas probable que le repos, joint au peu d'élévation du sol, donnait au liquide le temps de s'aérer ?

L'observation a appris à M. Boussaingault que, dans certains pays où l'on ne boit ni eaux de neiges ni eaux calcaires, et où la maladie règne avec force, les eaux habituellement employées avaient longtemps séjourné sur de la tourbe, des feuilles mortes, des bois pourris, etc. L'analyse a confirmé ses prévisions : un litre d'eau d'un marécage près Fontibon a donné 12 centimètres cubes d'acide carbonique et 12 centimètres cubes d'air atmosphérique. Ces résultats confirmeraient parfaitement l'opinion suivante émise par Fodéré : La maladie est rare dans les lieux où les cours d'eau circulent avec rapidité ; elle est commune dans les vallées chaudes, humides, peu aérées.

La rapidité avec laquelle les matières colorantes sont impressionnées par l'eau indique assez combien l'industriel qui s'occupe de la manipulation de ces matières ou de leur impression sur les tissus, doit avoir égard à la nature de l'eau qu'il doit employer; le brasseur, le blanchisseur d'étoffes, le fabricant de papier, sont absolument dans le même cas. Enfin, on peut affirmer avec raison que, si l'eau joue un rôle immense comme agent végétatif, elle n'en joue pas un moins important comme levier industriel et commercial.

Nous croyons avoir fait suffisamment sentir, dans les quelques lignes qui précèdent, l'importance de l'étude des eaux considérées aux divers points de vue que nous avons rapidement esquissés, pour que le lecteur comprenne déjà l'esprit qui a présidé aux recherches qui sont l'objet de ce mémoire. Expériences multipliées, soin minutieux dans leur exécution, informations nombreuses propres à nous éclairer sur les localités, rien n'a été négligé de notre part pour rendre notre travail aussi consciencieux que possible; mais nous ne saurions le livrer à la publicité sans témoigner ici toute notre reconnaissance à MM. Lloyd, Le Sant, Saint-Amour, Huette et Guiho, qui ont bien voulu mettre à notre disposition les indications qu'ils étaient à même de nous donner, et diminuer ainsi les difficultés de la tâche que nous nous étions imposée.

Notre travail serait incomplet, si, en même temps que nous consignons les principaux faits que l'étude des eaux nous a fournis pendant tout le cours de nos recherches, nous ne consacrions pas quelques pages à la description des procédés analytiques que nous avons été conduits à adopter, et si nous ne mettions ainsi chacun à même de répéter nos expériences et de contrôler les résultats de nos investigations.

Convaincus, par l'ensemble des travaux qui ont été successivement publiés sur les eaux considérées d'une manière générale, du rôle immense que leur font jouer les gaz qui sont dissous dans leur sein, nous n'avons jamais négligé, avant d'aborder l'examen analytique des substances fixes qu'elles contenaient, de nous livrer de la manière la plus attentive à une étude qualitative et quantitative des gaz qui y étaient renfermés.

L'influence immédiate et incontestable de la saison, de la température, de la lumière solaire et enfin de la nature du sol, sur la quantité de gaz contenue dans l'eau, a été si bien démontrée par les travaux de MM. Boussaingault, Lewy, Morren, etc., que nous nous sommes bien gardés de tirer des inductions trop générales des résultats de nos opérations pneumatiques, persuadés que des lois ne peuvent être formulées sur ce sujet qu'après une série d'expériences effectuées pendant le cours d'une année entière et dans des localités différentes. Cependant nous avons pu constater, avec une vive satisfaction, les principaux phénomènes que l'étude seule des conditions extérieures des eaux nous avait préalablement fait supposer, et trouver dans le résultat de nos expériences la confirmation des recherches tentées antérieurement à notre publication par les expérimentateurs que nous venons de citer.

Quoi qu'il en soit, nous devons appeler l'attention sur une particularité que nous ne nous attendions pas à rencontrer, mais sur laquelle une série d'expériences multipliées et exécutées avec le plus grand soin ne nous permet pas d'avoir le moindre doute aujourd'hui. Nous voulons parler de la quantité d'air contenue dans les eaux du département. Il est généralement admis, en effet, que les eaux douces contiennent une proportion d'air en dissolution qui s'élève de un trentième à un vingt-cinquième et même à un vingtième, tandis que un quarante-cinquième et quelquefois un trentième expriment le rapport entre la quantité de gaz et d'eau que présente la mer sur les côtes. Cependant toutes les expériences que nous avons pratiquées sur l'eau de la Loire prise vers la fin de la journée, c'est-à-dire à l'instant où la quantité de gaz dissoute atteint son maximum, nous ont toujours donné, à une très-petite approximation près, un quarante-huitième à un quarante-septième comme expression du rapport que nous cherchions à obtenir. Quant à la composition de cet air, nos recherches nous ont fourni des résultats qui concordaient avec les travaux de M. Morren. Cet expérimentateur indiquait, en effet, dans le mémoire qu'il publia en 1836, la quantité d'oxigène du gaz obtenu de l'eau en question comme s'éloignant fort peu du chiffre normal de 32, et nos expériences nous ont donné tantôt 30,39, tantôt 31,31; différences qui pouvaient d'ailleurs très-bien s'expliquer par certaines conditions que le lieu de la prise d'eau et l'état de l'atmosphère nous avaient préalablement fait apprécier, et sur lesquelles nous aurons occasion de revenir dans le cours de ce travail.

L'eau de la Loire ne renfermerait donc que un quarante-septième d'air atmosphérique; et l'époque à laquelle nos expériences ont été opérées ne peut, selon nous, expliquer ce résultat, en apparence contradictoire avec ceux qui ont été publiés jusqu'à ce jour.

La nature sablonneuse du lit de la Loire serait plutôt propre à faire admettre une diminution de gaz produite par l'absence de végétaux, source incessante d'oxigène.

Nous espérons d'ailleurs que de nouvelles recherches viendront confirmer les résultats que nous avons obtenus, et expliquer certains faits dont la spécialité de nos études ne nous permettait pas d'aborder l'examen.

Il nous semble, du reste, que l'on généralise trop certaines inductions tirées de travaux effectués d'une manière

toute locale, et qu'on s'éloigne souvent de la vérité, en
proclamant, par exemple, d'une manière absolue, que
l'eau de fleuve contient en dissolution un air chargé de
34 $^o/_o$ d'oxigène; car, dans les *circonstances ordinaires*, ce
résultat ne se produit qu'exceptionnellement. La Loire nous
a donné 30 et 31, quelquefois 32; et M. Morren, en analysant l'eau de la Maine, rivière plus lente et qui déborde
sur les prairies, a constaté, le 18 juin 1835, que la quantité d'oxigène s'abaissait jusqu'à 18 $^o/_o$ de la quantité d'air
recueillie; aussi une grande quantité de poissons de cette
rivière, surtout des plus gros et d'une espèce particulière,
cessèrent d'exister dans une eau ainsi désoxigénée. D'autre
part, les petites rivières qui coulent dans le département
de la Loire-Inférieure, nous ont fourni un air qui contenait tantôt 29 pour cent d'oxigène, tantôt 27, 28,
21, et enfin quelquefois 10 et 12 $^o/_o$, dans certaines
localités où l'accumulation des détritus de végétaux faisait élever la proportion d'acide carbonique jusqu'à 12
et 13 $^o/_o$, dans l'Erdre, prise au déversoir de Nantes,
par exemple. On sait, en effet, que les eaux qui sont
pendant longtemps en contact avec des feuilles mortes,
du bois pourri, celles qui coulent lentement ou qui fil-
trent à travers une terre végétale riche en humus,
sont toujours très-peu aérées. C'est un fait bien constaté,
que les substances végétales s'emparent de l'oxigène de
l'air dissous dans l'eau; il suffit même, suivant Dalton,
de laisser séjourner de l'eau dans un vase de bois, pour
qu'elle perde très-promptement la totalité de son air. Alors
elle devient fade, mauvaise à boire, quelquefois même
fétide. Voilà pourquoi les eaux pluviales qu'on recueille

sur les toits et qu'on conserve dans des citernes où l'air
ne peut circuler, ont constamment un goût de croupi.
Mais toutes ces circonstances sont exceptionnelles, et nous
fourniront pour chaque cours d'eau en particulier un sujet
d'études particulières que nous ne devons pas aborder dans
ce préambule.

Notre intention première, en entreprenant la série de
recherches dont nous publions aujourd'hui les résultats,
avait été de comprendre dans le même canevas l'étude
complète de toutes les eaux, stagnantes ou courantes, du
département de la Loire-Inférieure; mais nous n'avons pas
tardé à reconnaître que l'examen des premières se ratta-
chant presque exclusivement au domaine de l'hygiène,
tandis que l'agriculture et l'industrie ont constamment recours à l'emploi des secondes, il était plus convenable de
scinder notre travail en deux parties, dont chacune em-
brasserait une spécialité distincte. C'est ce qui nous a
engagés à publier tout d'abord cette première partie de
notre examen statistique, pensant qu'il pourrait éveiller
l'attention des personnes qui s'occupent des richesses na-
turelles du département, et donner naissance à des com-
munications qui nous faciliteraient l'accomplissement
complet de notre tâche.

Nous avons successivement soumis à l'analyse l'eau des
principales rivières qui se recommandent par quelque intérêt agricole, industriel ou hygiénique ; lorsque les circonstances nous ont paru l'exiger, nous avons répété nos
expériences sur la même eau prise en différents points
de son cours, et, dans certains cas, cet examen nous a
donné, ainsi qu'on le verra plus loin, des résultats dignes

d'intérêt à plusieurs égards. Certaines rivières, comme la Boulogne, le Tenu, la Sangueise, etc., ont été écartées de notre cadre, tantôt par le peu d'importance de leur parcours, tantôt par une analogie de caractères qui en aurait rendu l'examen peu intéressant ; enfin nous avons cru devoir joindre à l'analyse des eaux courantes celle du lac de Grand-Lieu, qui peut en quelque sorte, en raison de son importance incontestable, être classé dans cette partie de notre travail. Nous avons aussi soumis à l'analyse quelques dépôts de chaudières à vapeur alimentées par l'eau de la Loire. Les résultats obtenus nous ont confirmés dans les idées que nos précédentes recherches, exécutées sur de minimes quantités de substance, nous avaient conduits à adopter.

Les cours d'eau que nous avons examinés sont les suivants :

La Loire. — Près du Château, à Nantes.
La Loire. — A Trentemoult.
L'Erdre. — Entre la Jonnelière et Barbin.
L'Erdre. — Au déversoir de Nantes.
La Sèvre. — A la Morinière.
La Vilaine. — A Redon.
La Vilaine. — A la Roche-Bernard.
Le Don. — A Trénoux.
Le Brivé. — A Pont-Château.
La Moine. — A Clisson.
Le Chère. — A Châteaubriant.
La Maine. — A Château-Thébaud.
L'Isac. — A Blain.
Le Cens. — Au pont du Cens, route de Rennes.
La Chésine. — A Carcouët.

Plusieurs de ces cours d'eau, coulant sur un fond rempli de détritus végétaux et expérimentés pendant le mois de juillet, devaient nous donner et nous ont donné, en effet, des quantités considérables d'acide carbonique. Dans plusieurs autres, au contraire, où l'abondance de l'eau et la rapidité du cours empêchaient la décomposition des végétaux nombreux qu'elles recouvraient, nous avons vu varier très-promptement la quantité d'oxigène sous l'influence de la lumière solaire, c'est-à-dire avec la force plus ou moins considérable mise en jeu par les plantes pour opérer la réduction de l'eau et de l'air atmosphérique que renferme cette dernière. Mais, nous le répétons, nous regarderions comme hasardée toute induction générale puisée dans nos expériences sur les gaz de ces cours d'eau, l'extrême variation observée dans les quantités d'oxigène, d'acide carbonique et d'azote qu'ils fournissent nécessitant pour cette étude toute spéciale un travail de longue haleine qu'il n'entrait pas dans nos vues d'entreprendre.

Description des procédés opératoires.

Comme il nous a été impossible de nous transporter avec notre bagage d'appareils dans toutes les localités dont nous avions à étudier les cours d'eau, nous avons dû naturellement avoir recours à la complaisance éclairée de plusieurs personnes habitant les divers points du département, afin de nous procurer d'une manière identique, autant que possible, les matériaux nécessaires à nos recherches. Nous avons recueilli nous-mêmes l'eau de la Loire , celle de l'Erdre, de la Sèvre, de la Chésine, du Cens, du lac de Grand-Lieu, du Don , de la Chère, de la Maine.

Quant à celles de la Vilaine, de la Moine, du Brivé, de l'Isac, nous les devons à l'obligeance de MM. Regnier, sous-préfet de Redon; Ovide Pelloutier, à Clisson; Marcellin Chiron, juge de paix à Pont-Château; Duval, docteur-médecin à Blain, jeune homme plein d'avenir, que la mort vient de moissonner; auxquels nous sommes heureux de pouvoir témoigner publiquement l'expression de nos remercîments. L'eau a toujours été recueillie au milieu du cours d'eau et, autant que possible, dans les endroits où le courant était le plus rapide. Elle était reçue dans un grand flacon de 6 litres 1/2, que l'on introduisait entièrement dans l'eau, dont on notait avec soin la température ; le flacon exactement rempli était bouché, ficelé, cacheté et immédiatement expédié à Nantes, où nous procédions de suite à l'analyse. La température de l'air ambiant et la pression barométrique au moment de la prise d'eau étaient également consignées avec soin , ainsi que l'état de l'atmosphère. Quant au revirement moléculaire, qui a pu , dans quelques circonstances, modifier quelque peu le groupement des éléments gazeux contenus dans l'eau , il a dû être tellement minime qu'il n'a pu en aucune manière influer sur les données principales que nous ont fournies nos expériences réitérées et toujours concordantes dans des circonstances identiquement les mêmes. L'eau était introduite avec le moins d'agitation possible dans un ballon de verre de 1 litre 1/2 de capacité, au col duquel s'adaptait fort exactement un excellent bouchon de liége donnant passage à un tube recourbé de 5 millimètres de diamètre et de 55 centimètres de longueur se rendant sur une cuve à mercure (1), et dont l'extrémité aussi recourbée, qui avait une longueur de 5 centimètres, était verticalement disposée au milieu d'une éprouvette pleine de mercure bien sec. La pensée de choisir le mercure pour recevoir notre gaz nous fut suggérée par la crainte que l'eau à laquelle nous aurions eu recours, ainsi que la plupart des expérimentateurs, ne vînt (quelles que fussent d'ailleurs les précautions préalablement observées) à dégager, sous l'influence de la chaleur, une certaine quantité de gaz. Ce gaz, s'ajoutant à celui de l'eau soumise à l'ébullition dans le ballon, aurait pu nous faire trouver alors dans le liquide expérimenté une plus grande quantité d'air qu'il n'en contenait réellement. La chaleur, graduellement produite dans le commencement de l'opération, était maintenue élevée vers la fin, de manière à chasser les dernières bulles d'air qui auraient pu rester au sein de l'eau analysée. L'ébullition durait en général 12 minutes, et n'était terminée que lorsque la vapeur d'eau produisait en se dissolvant dans l'eau que contenait la partie supérieure de l'éprouvette, ce bruit caractéristique in-

---

(1) Nous ne saurions trop insister sur la nécessité de substituer le mercure à l'eau employée par plusieurs expérimentateurs, dans le but de recueillir l'air que renferme l'eau à analyser; des expériences répétées nous ayant démontré, de la manière la plus précise, que l'emploi de la cuve à eau donnait lieu à des appréciations qui s'éloignent notablement de la vérité, même dans le cas où on aurait pris la précaution d'employer pour recevoir le gaz de l'eau préalablement bouillie, cette dernière pouvant encore absorber de l'air atmosphérique pendant le cours des opérations.

dice de sa condensation complète. On retirait alors avec précaution le tube engagé sous l'éprouvette , afin de procéder au mesurage du gaz recueilli.

A chaque opération nouvelle, nous avions la précaution de faire bouillir dans le ballon que nous nous proposions d'employer une faible quantité d'eau ordinaire , que nous promenions vivement dans son intérieur, afin de détacher de ses parois les minimes quantités d'air qui auraient pu y rester adhérentes. Il était alors tenu bouché jusqu'au moment de l'expérience, où on faisait écouler l'eau. Nous étions sûrs, de cette manière, de n'ajouter aucune molécule de gaz étranger à l'eau que nous nous disposions à analyser.

L'éprouvette, enlevée de la cuve à mercure au moyen d'une petite capsule, était immédiatement transportée dans une terrine d'eau *légèrement acidulée*, et rendue ainsi défavorable à la dissolution de l'acide carbonique. Le gaz était transvasé dans un tube divisé en centimètres cubes ; et lorsque nous nous étions assurés de sa quantité, nous en prenions une portion exactement mesurée que nous introduisions dans une petite cloche de 6 centimètres de hauteur et de 2 centimètres 1/2 de diamètre. Au moyen d'une petite soucoupe pleine de mercure , ce tube était placé sur la cuve à mercure, et , à l'aide d'une pipette courbe, nous introduisions dans son intérieur et en jet assez rapide une solution concentrée de potasse caustique. La cloche était alors enfoncée verticalement au sein du mercure et agitée de telle sorte que la pression opérée sur le gaz, l'agitation et l'affinité naturelle de l'acide carbonique pour la potasse produisaient une complète et très-prompte absorption.

Nous ne saurions trop recommander, dans de semblables

opérations, d'employer un tube d'un diamètre assez considérable pour protéger contre l'absorption dont il est ici question ; car il nous arrivait, dans le commencement de nos expériences, où nous nous servions d'un tube d'un diamètre moitié moindre, de n'opérer qu'une imparfaite combinaison en raison de la petite surface liquide mise en contact avec l'acide carbonique.

Le résidu gazeux, porté de nouveau sur la cuve à eau et mesuré dans le tube gradué, permettait d'apprécier par différence la quantité de gaz disparue, que l'on notait avec soin.

Quant au dosage de l'oxigène et de l'azote, nous avons hésité quelque temps entre le procédé eudiométrique et l'analyse par le phosphore, pour l'effectuer avec le plus d'exactitude possible ; mais, en considérant le pour et le contre de chaque méthode, d'une part, l'exactitude des analyses opérées à l'aide de la cloche courbe, lorsqu'on prend le soin de détruire les vapeurs de phosphore qui peuvent être une cause d'erreur, et, d'autre part, l'inconvénient inhérent à l'emploi de l'eudiomètre, dont le liquide laisse toujours dégager quelques bulles gazeuzes au moment de la détonation, nous nous sommes arrêtés au choix du premier procédé et nous avons été à même de nous convaincre que nous n'avions aucune inexactitude à redouter sous ce rapport. Nous avons, du reste, toujours absorbé les vapeurs du phosphore au moyen du chlore et de la potasse, afin d'obtenir l'azote aussi pur que possible, tout en exécutant, bien entendu, à chaque expérience les corrections barométrique et thermométrique indiquées par l'observation.

L'analyse des gaz une fois opérée, nous procédions

pour chaque eau à un examen préparatoire fondé sur l'aspect du liquide, son odeur, sa couleur et sa manière de se comporter avec quelques réactifs tels que le chlorure de barium, l'azotate d'argent, l'acétate de plomb tribasique, l'oxalate d'ammoniaque et la teinture *neutre* de tournesol. Nous avons pu nous convaincre d'ailleurs à plusieurs reprises qu'utile d'une manière générale, cette appréciation grossière de la qualité des eaux était souvent insuffisante pour déterminer la nature de certains principes qui, dans le département et en raison de la nature du sol, se trouvent dans les rivières en quantités infiniment petites, l'acide sulfurique, la chaux, par exemple.

Enfin, pour déterminer la quantité exacte et la nature des sels tenus en dissolution dans l'eau, nous soumettions à une évaporation lente 4 litres de celle-ci préalablement filtrée, en prenant toutes les précautions nécessaires pour que des substances étrangères, telles que de la poussière, des cendres, ne pussent se mélanger aux matières à analyser. L'évaporation effectuée dans une capsule de porcelaine était poussée jusqu'à siccité, et le dépôt rassemblé avec les plus grandes précautions au moyen d'un couteau d'acier à extrémité carrée et parfaitement flexible ; il était alors pesé au moyen d'une balance sensible au quart de milligramme; porté au rouge dans un creuset de platine et pesé de nouveau, la différence de poids indiquait la quantité de matière organique, plus, à la vérité, un peu d'acide carbonique provenant de la décomposition du bicarbonate de chaux. Mais cette quantité est si minime, dans le cas toutefois où cet excès d'acide carbonique n'aurait pas déjà été dissipé par la dessiccation dans la capsule de porcelaine, qu'on peut hardiment la négliger pour les eaux de la Loire-Inférieure, si pauvres en sels calcaires.

Quant à l'analyse des sels, voici quelle est la marche que nous nous sommes décidés à adopter après de mûres réflexions, et que nous avons reconnue comme propre à donner des résultats d'une parfaite exactitude.

La matière saline une fois bien sèche est divisée en deux parties, *A* et *B*. Afin d'éviter toute complication dans l'emploi des réactifs, nous avons cru, en effet, devoir diviser notre opération en deux phases : dans l'une, nous dosons la quantité de chlore et d'acide sulfurique ; dans l'autre, nous recherchons la soude, la chaux, l'alumine, la silice et la magnésie.

La matière *A* est dissoute à chaud dans l'acide azotique pur, la solution est filtrée et additionnée d'azotate de baryte; le précipité de sulfate de baryte est jeté sur un filtre, lavé, chauffé au rouge dans un creuset de platine et pesé ; son poids donne celui de l'*acide sulfurique*. La liqueur filtrée donne avec l'azotate d'argent un précipité de chlorure d'argent qui, traité comme le sulfate de baryte, donne la proportion de *chlore* combiné dans la substance soumise à l'analyse.

La matière *B* est dissoute à chaud dans l'acide chlorhydrique pur, et filtrée. Le filtre lavé et chauffé au rouge contient la *silice*, que l'on pèse et dont on défalque le poids des cendres fournies par la combustion du filtre (poids déterminé d'avance sur les cendres d'un filtre tout à fait identique). La liqueur filtrée est précipitée par un excès de chlorure de barium. L'acide sulfurique est ainsi fixé à l'état de sulfate de baryte, qui se dépose, tandis que les sels de sodium , de magnésium , d'aluminium et de calcium sont totalement transformés en chlorures par le fait de l'élimination de l'acide sulfurique. Le sulfate de baryte étant pesé, on peut établir le contrôle du dosage de l'acide sulfurique effectué sur la matière *A*.

La liqueur restante est alors précipitée par l'ammoniaque pure qui détermine le dépôt de l'*alumine* et de l'*oxide de fer*, au dosage desquels on apporte les mêmes précautions que pour le sulfate de baryte et la silice.

Dans toutes nos expériences, la quantité de fer était tellement minime que son appréciation quantitative eût été complétement insignifiante et que nous avons toujours négligé de séparer son oxide de l'alumine. Nous avons donc dosé ces deux matières ensemble.

On évapore la liqueur qui contient les chlorures de barium, de calcium, de magnésium et de sodium, et on la porte au rouge blanc dans une petite capsule de porcelaine placée dans un creuset de platine fermé par son couvercle.

Le chlorure de magnésium est décomposé. Si on délaie alors dans l'eau le résidu de la calcination et qu'on le jette sur un filtre, ce dernier retient la magnésie, qu'on lave et qu'on pèse après l'avoir chauffée au rouge. On a donc maintenant une dissolution qui ne contient plus que des chlorures de barium, de calcium et de sodium; on y verse de l'oxalate ammonique qui précipite la baryte et la chaux à l'état d'oxalates, tandis que le chlorure de sodium reste en dissolution avec l'excès de réactif employé; il est évaporé, calciné et dosé. L'oxalate double bien lavé est chauffé au rouge , il se réduit ainsi à un mélange de chaux et de

baryte qu'on traite par l'eau aiguisée d'acide sulfurique en
excès; il se forme alors du sulfate de baryte et du sulfate
de chaux que l'on jette sur un filtre et qu'on lave avec une
assez grande quantité d'eau chaude, de manière à dissoudre
tout le sulfate de chaux. On s'aperçoit qu'on est arrivé à
ce point lorsque le liquide filtré ne blanchit plus sous l'influence de l'acide oxalique. A ce moment, on arrête le lavage et on précipite la chaux de sa dissolution par les
moyens ordinaires.

Telle est la marche que nous avons suivie dans tout le
cours de nos recherches et qui nous a donné des résultats
d'une exactitude vraiment mathématique, ainsi que nous
nous en sommes assurés à plusieurs reprises en répétant
deux et trois fois les mêmes dosages et obtenant toujours
des chiffres qui concordaient de la manière la plus satis-
faisante.

Nous ne saurions terminer cet exposé des procédés analytiques que nous avons cru devoir employer, sans présenter quelques remarques sur l'énonciation des résultats
qu'ils nous ont fournis. On pourra voir, en consultant le tableau joint à ce mémoire, qui présente le résumé de nos
travaux, que nous avons évité avec le plus grand soin de
grouper d'une manière hasardée et presque toujours sans
fondement positif les éléments que l'analyse nous avait dé
celés. Les transformations successives des matières salines
au sein des liquides qui les renferment sont tellement multipliées et difficiles à saisir, qu'il y a vraiment témé-
rité, sinon défaut de connaissances exactes à les présenter dans un ordre préconçu et dont aucun fait certain ne
permet le plus souvent de justifier l'existence. Ainsi, tout

en croyant, pour notre part, que les eaux que nous avons examinées et particulièrement l'eau de Loire renferment les combinaisons suivantes :

> Chlorure de sodium,
> Chlorure de magnésium ,
> Sulfate de magnésie ,
> Bicarbonate de chaux,
> Sulfate de chaux ,
> Alumine,
> Oxide de fer ,
> Silice,
> Silicate d'alumine et de fer (rarement),
> Silicate d'alumine et de chaux (rarement),

nous avons cru néanmoins devoir formuler nos résultats d'une manière plus consciencieuse et plus exacte en présentant le chiffre des éléments constitutifs de l'eau : *sodium , magnésium , calcium, chlore , silice* ; quant à *l'alumine* et à *l'acide sulfurique,* on comprendra que nous ne devions pas les démembrer.

EXAMEN

DES PRINCIPAUX COURS D'EAU

DE LA LOIRE-INFÉRIEURE.

LA LOIRE.

Le bassin parcouru par la Loire est très-considérable en longueur. Il est circonscrit à l'est par les montagnes du Charollais et une partie des Cévennes; au sud, par les montagnes de la Margeride, le Cantal et le Mont-d'Or; au sud-ouest, par les hauteurs de la Gâtine ; et au nord-ouest, par les collines qui forment le plateau de la Beauce et qui vont se rattacher à la chaîne armoricaine.

Ce fleuve, le *Liger* des anciens, prend sa source au mont Gerbier-des-Joncs, à quelques lieues de Mézin. Il coule d'abord au nord, séparé de l'Allier par les monts Forez et ceux de la Made; se dirige au nord-ouest jusque auprès d'Orléans; puis, suivant la direction générale de l'ouest, va se jeter dans l'Océan, après un cours de 220 lieues. La hauteur de ses eaux est d'environ 2 à 3 mètres, et sa pente d'environ 1 centimètre par 100 mètres, ou 1 pied 2 pouces 1|2 par lieue. La Loire commence à être flottable au village de Retournai, dans le département de la Haute-Loire. Le flottage s'y fait sur une étendue de 51,000 mètres , et elle ne devient navigable qu'un peu au-dessous de Roanne. Dans son cours jusqu'à Nantes, la Loire ne reçoit aucune rivière importante sur sa rive droite, excepté cependant la Mayenne, dans le département de Maine-et-Loire , qui se grossit des eaux de la Sarthe et du Loir.

Sur la rive gauche de la Loire , une chaîne qui comprend les plus hautes cimes de la France centrale donne naissance à quelques grandes rivières qui alimentent le cours de ce fleuve. Tels sont l'Allier, le Cher et la Vienne. Les alluvions qu'elles charrient obstruent son embouchure et forment des bancs de sable qui s'accroissent de jour en jour. C'est ainsi que dans certaines parties de la Loire-Inférieure où l'on comptait autrefois 20 pieds d'eau à la marée basse, il n'y en a plus aujourd'hui que 7 à 8. Ces sables sont siliceux et diminuent de grosseur à mesure qu'on s'avance vers la mer ; à Saint-Nazaire, par exemple, ils sont d'une grande ténuité , mais ils ne constituent pas le véritable fond du lit de la Loire.

En 1834, la Loire, sondée par M. Lemierre sur une étendue de 104 lieues (développement du fleuve de Briare à Nantes), offrait environ 34 lieues ayant 1ᵐ, 30 de profondeur ; 20 lieues de 1ᵐ, 05 à 1ᵐ, 30; 40 lieues de 1ᵐ, 05 et 10 lieues de 0ᵐ, 60 (de Briare à Orléans). Dans le but de s'opposer à ces inégalités de profondeur, on construisit des digues longitudinales, transversales et perpendiculaires au courant; mais le succès n'a pas justifié l'emploi de ces moyens, et le sable continue à obstruer le lit du fleuve.

Ces énormes quantités de sable constituent des bancs mobiles qui gênent la navigation et l'interrompent même tout à fait pour les grands bâtiments pendant l'été. Parmi ces bancs, les plus considérables sont ceux de la Chésine, de Chantenay, de la Queue-des-Plombs et de Belle-Isle, sur lesquels il ne reste dans les basses eaux que deux pieds sept pouces, deux pieds trois pouces, trois pieds et deux pieds d'eau, et qui, dans les fortes marées, ne donnent que quatorze pieds neuf pouces, sept pieds trois pouces et sept pieds d'eau.

La Loire coule, dans le département, entre des bords très-espacés garnis jusqu'à Mauves de rochers très-élevés. Des îles couvertes de saules et d'une riche végétation sont dispersées au milieu de son lit. De Mauves à la mer, les rives sont plates, sauf au Pellerin et à Couëron, où l'on retrouve encore quelques rochers. De Couëron à Saint-Nazaire, les rives du fleuve ne sont que des prairies découvertes et nues. Les plantes qu'on trouve surtout sur les bords de la Loire et dans les îles, sont: les *Salix alba, triandra, viminalis, undulata*, etc. ; *Lythrum salicaria, Carex arenaria, Scirpus triqueter, Arundo phragmites, Tha-*

lictrum flavum, *Lysimachia communis*, etc. Le lit de la rivière ne contient pas de végétaux, le courant trop rapide s'oppose à leur développement.

Dans le département de la Loire-Inférieure, la Loire reçoit un grand nombre de cours d'eau, parmi lesquels nous citerons particulièrement les ruisseaux de Choiseau , de Vaumenteau , du Quarteron , de Rideau, du Guette-Loup, du Beau-Soleil , de la Courosserie, de la Collinière , de la Sécherie, du Reneau, de la Chésine, du Chemin-Creux, des Cleyons , de la Bernardière, de la Grésillière, du Hâvre, de la Grée , et les rivières suivantes : la Divatte, la Sèvre , l'Acheneau , et enfin l'Erdre, qui , au moyen du canal de Brest, est mis en communication avec la Vilaine.

Dans le département, le micaschiste, le gneiss, le granit et quelquefois l'amphibolite constituent la nature du sol sur lequel coule la Loire ; plusieurs bancs de calcaire contribuent également à lui donner quelques-unes des propriétés que l'analyse y décèle. Toutes choses égales d'ailleurs, il est facile de se rendre compte des résultats que fournit l'examen de ses eaux , dont nous allons consigner le résumé, lorsqu'on examine les substances qu'elles entraînent et la solubilité relative de ces substances, sur lesquelles le fleuve effectue dans la Loire-Inférieure seulement un parcours de 109,000 mètres.

On ne peut, du reste, admettre d'une manière absolue l'insolubilité d'aucune substance, car la dissolution n'est en définitive qu'une division considérable des molécules , indépendante de toute combinaison avec le véhicule dissolvant ; c'est ainsi que, sous l'influence d'un laps de temps suffisamment prolongé et d'un mouvement non interrompu, les fleuves entraînent des corps à l'état de particules extrêmement ténues et dont le repos seul fait ensuite diminuer la dose, comme nous serons à même de le démontrer par le résultat de nos recherches. Qui ne connaît, du reste, l'expérience suivante décrite par Margraff dans sa thèse sur *l'eau distillée* (1), et qui fut répétée douze années après par Schècle et Lavoisier?

Il attacha un flacon d'eau distillée aux ailes d'un moulin à vent. Quelques années auparavant, Bochrane avait fait une expérience semblable avec un flacon de mercure, qui avait, après une longue agitation, donné une poudre noire. Mais Margraff n'obtint aucun résultat, l'eau resta limpide comme auparavant. Persistant dans son intention de s'assurer si l'eau peut se changer en terre, il fit remuer ce même flacon d'eau distillée pendant 3 jours, par plusieurs hommes qui se relevaient l'un après l'autre. Il ne tarda pas à voir l'eau devenir trouble, et laisser déposer une poudre blanche ayant de l'analogie avec le verre pilé; et pourtant il n'osa pas en conclure avec certitude que cette poudre ne fût constituée que par des molécules de verre détachées du flacon par suite d'une agitation prolongée (2).

Par ses débordements assez fréquents, la Loire est une source de richesse pour les contrées qu'elle arrose, car le limon que déposent ses eaux sur les prairies rend celles-ci extrêmement productives. Aussi voyons-nous sur les prairies

---

(1) Mémoires de l'Académie des Sciences de Berlin, année 1756, pag. 20, 31.

(2) Ferdinand Hœfer. — Histoire de la chimie, depuis les temps les plus reculés jusqu'à nos jours. — Tome 2, page 426.

périodiquement inondées la production en moyenne de 22 à 30 quintaux métriques par hectare. En considérant ces résultats, on se demande s'il ne serait pas possible de transformer en prairies les espaces encore si vastes qui, sous le nom de *boires*, sont, dans certaines localités, complétement abandonnés à de la vase ou à une eau plus ou moins corrompue (1). L'hygiène y gagnerait d'ailleurs ; car, si on examine les nombreux cas de fièvres intermittentes dont certaines communes riveraines sont affectées après les inondations, on doit vivement désirer que partout et toujours on donne tous les soins possibles à l'évacuation de l'eau, source incessante de maladies, lorsqu'un courant trop ralenti ou qu'une stagnation complète force les produits de la décomposition des végétaux à s'accumuler et à constituer une atmosphère pernicieuse (2). L'eau courante est d'ailleurs un moyen fort efficace d'assainissement des lieux humides,

---

(1) On donne, sur les bords de la Loire, le nom de *boires* à des flaques d'eau laissées sur les rives après les inondations du fleuve, et dans lesquelles s'opère la décomposition des végétaux sous l'influence de la chaleur.

(2) Souvent, aux environs de Varades, après les inondations de la Loire et les fortes chaleurs, l'herbe pourrit dans sa racine et dans la partie inférieure de sa tige; il s'en exhale une odeur fétide particulière. En 1827, surtout au moment de la récolte des foins, cette odeur était insupportable et des fièvres intermittentes se déclarèrent avec un caractère pernicieux ; plus tard, ces mêmes fièvres se répandirent au loin et parurent coïncider avec le transport des foins. Vers le nord, elles furent moins nombreuses et moins graves.

Ce fut à la suite d'inondations et d'un printemps humide que les fièvres de 1828 et 1829 se déclarèrent à Ancenis et sur les bords de la Loire. La même chose se reproduisit à Nantes en 1842.

pour lesquels elle remplit l'office d'un ventilateur conti-
nuel.

Les considérations que nous avions à présenter sur quelques particularités relatives à la Loire, étant basées sur les
propriétés analytiques de ses eaux, nous sommes obligés
d'en aborder immédiatement la description, quittes à re-
prendre plus loin, et en nous appuyant sur des faits, l'exposé des principales questions qui nous ont paru dignes
d'exciter l'attention.

PREMIÈRE EXPÉRIENCE.

(Nous croyons devoir rappeler ici que chaque opération effectuée sur les cours d'eau que nous avons étudiés a été répétée souvent jusqu'à 3 et 4 fois différentes, et que tous les résultats que nous avions obtenus de prime abord ont été confirmés par nos opérations subséquentes. — Quant à la détermination des gaz, elle a toujours été identique dans les moyens comme dans les résultats, tant que les liquides ont été puisés à la même heure, au même endroit et dans des conditions météorologiques analogues.)

7 Juillet. — EAU DE LOIRE

Puisée au milieu du fleuve, en regard du château de Nantes.

Température de l'eau.   —   20° centig.
Pression barométrique.   —   0,762 ^{mm}.
Ciel nuageux.
Heure de l'expérience.   —   6 heures du soir.
Eau assez limpide, donnant au bout d'un certain temps un léger dépôt sablonneux. — Rivière basse.

Action des réactifs.

Azotate d'argent.   — Précipité peu abondant, soluble dans l'ammoniaque.
Acétate de plomb tribasique.   — Précipité blanc abondant.
Teinture neutre de tournesol.   — Pas de changement.
Chlorure de baryum.   —   *Id.*
Oxalate d'ammoniaque.   — Léger trouble.

Détermination des gaz.

Gaz obtenu par l'ébullition de 1 litre d'eau. — 17,46 c. c.

Composé ainsi qu'il suit pour 100 parties :

Oxigène.	—	31,31
Azote.	—	65,56
Acide carbonique.	—	3,03
		100,00

Détermination des sels et matières organiques.

RÉSIDU PROVENANT DE L'ÉVAPORATION DE 1 LITRE D'EAU :

		gr.
Matière inorganique.	—	0,0950
Matière organique.	—	0,0220

Composé ainsi qu'il suit :

Silice.	—	5,60
Alumine et oxide de fer	—	4,54
Sodium.	—	8,72
Calcium.	—	24,85
Magnésium.	—	5,81
Chlore.	—	7,41
Acide sulfurique.	—	3,94
Acide carbonique et oxigène combiné.	—	39,13
		100,00

2.ᵉ EXPÉRIENCE.

12 *Juillet.* — EAU DE LOIRE

Puisée au milieu du fleuve, au sortir de Nantes.

Température de l'eau.   —   20,60 centig.
Pression barométrique.   —   0,769
Beau temps.
Instant de la journée.   —   6 heures du soir.
Eau assez limpide, donnant au bout d'un certain temps un léger dépôt sablonneux. — Rivière basse.

Action des réactifs.

AZOTATE D'ARGENT.   — Précipité peu abondant, soluble dans l'ammoniaque.
ACÉTATE DE PLOMB TRIBASIQUE.   — Précipité blanc.
TEINTURE NEUTRE DE TOURNESOL.   — Pas de changement.
CHLORURE DE BARIUM.   —   *Id.*
OXALATE D'AMMONIAQUE.   — Léger trouble.

Détermination des gaz.

---

                                      c.c.
Gaz obtenu par l'ébullition de 1 litre d'eau. — 21,30
Le même jour, à la même heure, l'eau prise devant le Château donnait   — 18

Composé ainsi qu'il suit pour 100 parties :

Oxigène.   — 30,39
Azote.   — 64,50
Acide carbonique.   — 5,00
                          —————
                          100,00

Détermination des sels et matières organiques.

RÉSIDU PROVENANT DE L'ÉVAPORATION DE 1 LITRE D'EAU :

		gr.
Matière inorganique.	—	0,0750
Matière organique.	—	0,0250

Composé ainsi qu'il suit :

Silice.	—	4,58
Alumine et oxide de fer.	—	4,00
Sodium.	—	9,24
Calcium.	—	26,45
Magnésium.	—	5,67
Chlore.	—	7,41
Acide sulfurique.	—	3,94
Acide carbonique et oxigène combiné.	—	37,69
		100,00

3.e EXPÉRIENCE.

25 *Juillet.* — EAU DE LOIRE

Sortant des établissements de filtrage.

(Les gaz n'ont pas été déterminés, le transport et le transvasement dans les fontaines particulières changeant complétement l'état de l'eau sous ce rapport.)

Détermination des sels et matières organiques.

RÉSIDU PROVENANT DE L'ÉVAPORATION DE 1 LITRE D'EAU :

		gr.
Matière inorganique.	—	0,1480
Matière organique.	—	Traces.

Composé ainsi qu'il suit :

Silice.	—	2,05
Alumine et oxide de fer.	—	4,50
Sodium.	—	8,96
Calcium.	—	18,72
Magnésium.	—	15,86
Chlore.	—	5,68
Acide sulfurique.	—	20,46
Acide carbonique et oxigène combiné.	—	23,77
		100,00

En jetant un coup d'œil sur les résultats fournis par ces trois expériences, on ne tarde pas à reconnaître que, contrairement à ce qui arrive pour les cours d'eau qui sillonnent un terrain éminemment calcaire, tels que la Seine par exemple, la Loire, après son parcours dans Nantes, donne une quantité moins considérable de matière inorganique qu'au-dessus de la ville; tandis, en effet, que la Seine, dont le résidu salin par litre est évalué à 0,1705, présente à sa sortie de Paris le chiffre 0,1810. Au contraire, la Loire nous donne 0,0950 en regard du Château, et 0,0750 à Trentemoult, c'est-à-dire immédiatement au-dessous de Nantes.

Nous croyons pouvoir expliquer cette anomalie apparente de la manière suivante : si nous considérons la composition des résidus fournis par l'eau de la Loire en amont et en aval de la ville, nous remarquons que dans son parcours à Nantes la Loire, dont le cours a été souvent contrarié par suite des obstacles si multipliés qui lui sont opposés, a abandonné, par la simple diminution de courant, quelques-unes des matières qu'on est étonné d'y rencontrer, en raison de leur peu de solubilité. Ainsi la silice et l'alumine ont particulièrement diminué, tandis qu'au contraire les sels solubles de sodium et de calcium ont visiblement augmenté ; circonstance qui s'explique d'elle-même par le fait de l'Erdre qui vient se jeter dans le fleuve, au centre de la ville. La quantité de matières organiques a aussi augmenté, et on en trouve facilement la raison dans l'énorme proportion de matières animales de toutes sortes que les toucs et les égouts déversent chaque jour hors la ville, au grand détriment de l'agriculture communale. Enfin, l'eau de l'Erdre, qui renferme elle-même tant de débris organiques provenant de l'industrie des tanneurs et des corroyeurs, doit naturellement communiquer à l'eau de Loire quelques-unes de ses propriétés sous ce rapport.

Il n'est pas étonnant non plus que, sous l'influence de toutes ces matières organiques et de la division du fleuve par les obstacles naturels et artificiels présentés aux abords de Nantes, l'eau de celui-ci renferme, à sa sortie de la ville, une quantité de gaz plus considérable qu'à son entrée. Ce

qui nous porterait d'ailleurs à croire que c'est principalement sous l'influence des matières organiques que se manifeste cette notable augmentation, c'est que, tandis que nous
voyons dans le premier cas le gaz extrait de l'eau renfer-
mer 3,03 d'acide carbonique pour cent et 31,31 d'oxigène, nous le voyons dans le second composé de 5 d'acide
carbonique et 30,39 d'oxigène. Or, on sait, et nous serons plusieurs fois conduits à le faire remarquer plus loin,
que, sous l'influence des matières organiques, l'oxigène
contenu dans l'eau donne naissance à de l'acide carbonique,
et que ce phénomène se manifeste même assez promptement, ainsi que nous avons été à même de le constater
nous-mêmes plusieurs fois pendant le cours de notre travail.

Après avoir étudié l'eau de Loire prise au sein même
du fleuve, nous avons voulu constater les modifications
qu'elle pouvait subir par l'opération du filtrage, et nous
nous sommes assurés qu'elles sont plus importantes que
les travaux des expérimentateurs qui nous ont précédés ne
l'avaient fait pressentir.

En 1808, M. le comte de Celles, préfet de la Loire-
Inférieure, chargea une commission, qui remplissait alors
les fonctions de conseil de salubrité, de lui faire un rapport sur l'établissement de filtrage situé près du Château
de Nantes. MM. Hectot et Dabit aîné, membres de cette
commission, se livrèrent à une série d'expériences dont
nous n'avons pu nous procurer le compte rendu détaillé,
mais dont voici les conclusions :

L'eau de la Loire avant le filtrage est chimiquement

*semblable à celle que l'établissement fournit à la consom-
mation (sous le rapport des matières minérales qu'elle tient
en dissolution). Dans un cas comme dans l'autre, les analyses ont donné le résultat suivant :*

		gr.
Matière employée.	—	1,450
Chlorure de magnésium.	—	0,350
Chlorure de sodium.	—	0,700
Carbonate de chaux.	—	0,250
Alumine.	—	0,025
Silice.	—	0,025
Perte.	—	0,100
		1,450

En ramenant par le calcul les résultats obtenus par MM.
Hectot et Dabit à la simple énonciation des corps élémentaires, on obtient :

Magnésium	—	6,35		5,81
Sodium.	—	19,11		8,72
Calcium.	—	6,98		24,85
Alumine.	—	1,72	Notre analyse	4,54
Acide sulfurique.	—	0,00	donne :	3,94
Silice.	—	1,72		5,60
Oxigène combiné, acide car- bonique, chlore et perte.	—	64,12		46,54
		100,00		100,00

Sans revenir ici sur l'inconvénient déjà signalé par
nous de formuler, sans documents positifs, des groupe-
ments de corps élémentaires, nous devons dire que les
procédés employés par ces messieurs pour opérer le dé-

membrement de ces divers principes constitutifs de l'eau
eussent dû accompagner l'exposé des résultats. Or, nous
le répétons, nous n'avons trouvé aucun document qui pût
nous éclairer à ce sujet dans les annales du Conseil de Salubrité de la ville de Nantes, et même dans les manuscrits
inédits de M. Hectot, que l'un de nous a été à même de
parcourir.

Nous arrivons maintenant à la question d'identité entre
les eaux filtrées et les eaux non filtrées, question résolue
affirmativement par ces messieurs et dont l'inexactitude nous semble démontrée d'une manière incontestable.

Dans le but de nous rendre compte par nous-mêmes
des diverses opérations que l'on fait subir à l'eau afin
de la débarrasser de toutes les matières étrangères
qu'elle tient en suspension, nous nous sommes rendus
dans les établissements de filtrage autorisés par la ville, et
dont la disposition est à peu de chose près identique dans
chacun des deux. Voici, d'ailleurs, en quoi ils consistent :
Une pompe mise en jeu au moyen d'un manége élève l'eau
puisée dans la Loire, qu'elle distribue ensuite dans six
grandes cuves de bois ayant chacune la contenance d'environ 34 barriques. Une série de robinets, placés à une distance assez considérable du fond pour ne pas donner
issue au dépôt de l'eau, permet, au bout de 24 heures
environ, de faire écouler toute celle-ci par une rigole de
zinc. Quant au dépôt vaseux dont cette opération a provo-
qué la séparation, une soupape placée à la partie inférieure
de chaque cuve permet de s'en débarrasser avec la plus
grande facilité. En s'écoulant par les robinets, l'eau, ayant

abandonné dans les cuves une assez forte proportion de matières insolubles, est conduite sur des caisses remplies de sable fin, de charbon menu et de gros sable, faisant office de filtres ; ce mélange filtrant est renouvelé tous les trois mois, et les matières qui le composent étant soumises à un lavage convenablement effectué, peuvent être de nouveau employées. Quant à l'eau qui a passé au travers des filtres, elle est reçue dans un grand réservoir doublé de plomb, d'où elle est enfin conduite par des tuyaux de cuir dans les tonneaux qui servent à la distribuer dans la ville.

Une circonstance qui nous avait échappé dans l'un des établissements, et sur laquelle notre attention a été éveillée dans l'autre, consiste dans l'introduction d'une certaine quantité de dissolution d'alun au sein de la masse d'eau que renferment les cuves dont nous venons de parler. Chacun sait avec quelle facilité l'alun opère la clarification de l'eau, et les blanchisseuses de plusieurs localités emploient très-souvent ce moyen pour rendre limpides des eaux destinées aux usages domestiques ; mais, s'il est indifférent que l'eau destinée à certaines opérations industrielles renferme des traces d'alun non décomposé, il ne s'ensuit nullement qu'on puisse impunément introduire dans l'économie animale une eau ainsi dépurée sans s'exposer à des inconvénients organiques sur lesquels M. Boutigny d'Evreux a déjà appelé l'attention il y a quelques années. *L'eau, comme la femme de César, doit être à l'abri du soupçon*, disait un ingénieur anglais à M. Arago, qui lui parlait un jour de l'alunage de l'eau. Cette spirituelle condamnation de tout moyen de clarification de l'eau par l'introduction de substances toxiques, telles que l'alun, est parfaitement justifiée par l'examen des influences si diverses que des modifications *infiniment petites* exercent sur le rôle hygiénique des eaux potables.

Si nous arrivons maintenant à l'examen des résultats que l'analyse nous a donnés lorsque nous avons examiné l'eau dont il est ici question , nous voyons que, loin d'avoir une composition chimique exactement pareille à celle de l'eau prise dans le fleuve, ainsi que l'avaient avancé MM. Hectot et Dabit, l'eau renferme au contraire des quantités bien différentes de matières salines dans l'un et dans l'autre cas. En effet, tandis que l'eau prise en regard du Château renfermait 0ᵍ,0950 de résidu salin par litre, l'eau de l'établissement de filtrage en renferme 0,ᵍ1480 ; c'est-à-dire qu'une augmentation notable de matière soluble se manifeste. — Nous voyons aussi les matières organiques qui, dans le premier cas, s'élevaient à 0ᵍ,0220, se réduire dans le second à une proportion microscopique.

Enfin, tandis que les nombres 5,60, 4,54, 8,72, 24,85, 5,81, 7,41, 3,94, exprimaient les doses de la silice, de l'alumine, du sodium, du calcium, du magnésium, du chlore et de l'acide sulfurique, nous voyons au contraire les nombres 2,05, 4,50, 8,96, 18,72, 15,86, 5,68, 20,46, exprimer le rapport de ces mêmes substances, toujours pour 100 parties de résidu salin. La silice, l'alumine, le calcium, le chlore, ont donc diminué ; au contraire, le sodium, le magnésium et notamment l'acide sulfurique ont manifestement augmenté. L'augmentation de ce dernier principe était tellement évidente, que l'eau telle qu'elle était examinée au sortir des tonneaux de l'établissement précipitait abondamment par les sels de barium, tandis que l'eau de Loire prise dans le fleuve même ne donne lieu sous cette influence à aucun indice de précipité.

Comment expliquer maintenant ces diverses altérations de l'eau pendant l'opération du filtrage telle qu'elle est exécutée à Nantes ?

L'augmentation très-sensible de l'acide sulfurique est une conséquence naturelle de l'emploi de l'alun ; celle de la soude, peu importante à la vérité, s'explique par une très-minime proportion de potasse que nous avons dosée avec la soude, et dont le chlorure de platine nous a démontré la présence dans le résidu de l'opération ; enfin, quant à la magnésie, nous sommes forcés d'admettre qu'en présence du sable très-divisé et renfermant une certaine proportion de combinaisons magnésiennes, certaines réactions ont pu se produire entre les sels naturellement contenus dans l'eau ou artificiellement introduits pour opérer la clarification plus prompte de celle-ci, réactions qui auront déterminé la solubilité de cette base dans le liquide filtré.

Quoi qu'il en soit, nous croyons devoir appeler sur ce sujet l'attention du Conseil de Salubrité, et signaler d'une manière toute générale les conditions hygiéniques auxquelles nous croyons les établissements de filtrage susceptibles d'être fixés, dans l'intérêt de la santé publique :

1.º La suppression absolue de l'alun dans la clarification, cet agent pouvant être remplacé par un repos plus longtemps prolongé de l'eau à dépurer ;

2.º L'aération de l'eau au moyen d'une cascade, après

qu'elle a abandonné au charbon des filtres la plus grande
quantité de l'air qu'elle tenait en dissolution ;

3.° Enfin, un trajet plus considérable et plus lent sur
la matière filtrante ; circonstance éminemment propre à
compenser, avec le repos plus prolongé de l'eau dans les
cuves, la différence de limpidité à laquelle la suppression
de l'emploi de l'alun pourrait donner lieu dans l'eau soumise à la filtration (1).

Nous ne saurions terminer ce rapide aperçu sans exprimer nos vœux pour que l'administration municipale
s'occupe enfin d'élever l'eau de la Loire de manière à la
répandre dans la ville au moyen de nombreuses fontaines
publiques, dont les règles les plus simples de l'hygiène
prescrivent rigoureusement l'installation. Il est bien prouvé
que l'abondance de l'eau courante au sein des quartiers
mal aérés, où l'atmosphère est viciée par l'accumulation
de gaz méphytiques, est un des meilleurs moyens d'assainissement, et on ne peut que déplorer les conséquences
d'une telle négligence de l'administration, lorsqu'on réfléchit surtout que ce sont les quartiers pauvres et populeux
d'une des premières villes de France qui en sont les premières victimes.

---

(1) Toutes ces conditions sont rigoureusement observées à l'établissement de filtrage situé à Paris quai des Célestins, qui peut
être cité comme un modèle à suivre en ce genre.

L'ERDRE.

Cette rivière prend sa source près de Candé, dans le département de Maine-et-Loire ; traverse les communes de Saint-Mars-la-Jaille, Bonnœuvre, Riaillé, Joué, dans l'arrondissement d'Ancenis, et celle de Nort, dans l'arrondissement de Châteaubriant ; enfin parcourt le canton de Carquefou et vient à Nantes se jeter dans la Loire. L'Erdre est une petite rivière qui reçoit dans l'arrondissement de Châteaubriant le canal de Bretagne, embranché sur la Vilaine (1), et

---

(1) Le canal de Nantes à Brest parcourt dans le département de la Loire-Inférieure une étendue de 97,000 mètres.

dont la largeur s'accroît notablement à partir de cette localité. Ses eaux sont généralement peu courantes, et les plantes aquatiques croissent abondamment dans son lit et sur ses rives.

De Candé à Joué, l'Erdre coule de l'est à l'ouest entre les deux ruisseaux qui, par leur ramification, concourent à grossir ses eaux. On remarque les landes de Saint-Sulpice, sur un sillon schisteux parfaitement caractérisé, qui s'étend depuis la Barre-David jusqu'à Candé.

De Candé à Saint-Mars, l'Erdre appartient à l'Anjou et coule entre deux coteaux schisteux. De Saint-Mars à Joué, le bassin de l'Erdre est un vallon très-humide souvent recouvert par les eaux, où le jonc se développe avec une certaine abondance. La rivière d'ailleurs, en raison des barrages que les moulins opposent à son cours, baigne un grand nombre de prés, même dans les temps les plus secs, et occasionne aussi les épidémies qui se développent toujours chaque fois que de telles conditions se trouvent réunies. Les étangs de la Poitevinière et de la Prévostière, qui se jettent dans l'Erdre, alimentent près de Riaillé des forges et des fonderies fort importantes. Des prés tourbeux situés aux environs de Nort reçoivent presque constamment, par suite des barrages opérés par les usines, des irrigations presque continuelles de l'Erdre, et concourent encore, par ce fait même, à développer dans ces communes riveraines les causes d'insalubrité inhérentes à l'habitation de toute localité où les eaux n'ont pas d'écoulement ou dont le cours est extrêmement lent. Les mêmes circonstances se reproduisent à la Chapelle-sur-Erdre, où les vallées sont quelquefois submergées par la rivière.

Le lit de la rivière d'Erdre est généralement très-vaseux, et est presque entièrement composé de micaschiste et de gneiss ; il contient aussi quelque peu de psammite et d'amphibolite, qui ne s'y montrent d'ailleurs qu'en minime proportion. Au-dessous de Nort, des couches alternées de stéaschiste et de psammite se font également remarquer.

Les plantes qui végètent particulièrement dans son lit et sur ses rives, appartiennent aux genres : *Nymphœa, Trapa, Potamogeton, Sparganium, Myriophyllum, Phragmites, Carex, Typha, Scirpus, Schœnus, Alisma, Drosera, Ranunculus, Lythrum, Lysimachia, Utricularia, Myrica, Sagittaria, Villarsia, Chara, Rumex, Eriophorum, Sphagnum, Ceratophyllum, Menyanthes, Juncus, Hydrocotyle,* etc.

Tout le cours de la rivière d'Erdre, depuis Nort jusqu'à Nantes, est bordé de terrains tourbeux, où les végétaux, enfouis depuis des siècles, forment des marais tremblants, dont les plus remarquables sont ceux de Mazerolles, de Carquefou, de Naye, de la Verrière et du Petit-Port. Tous ces marais d'un aspect particulier sont recouverts d'une végétation active, çà et là interrompue par de petites flaques d'eau d'une profondeur considérable.

Le Cens et un grand nombre de petits ruisseaux viennent se jeter dans l'Erdre, et leur cours peu rapide donne lieu, pendant certains moments, à des inondations assez considérables, ainsi que nous l'avons dit plus haut. Cet état de choses est, du reste, aggravé d'une manière évidente et notable par l'espèce de désuétude dans laquelle sont tombés les règlements qui régissent le curage communal de ces

différents cours d'eau , curage fort négligé dans la plupart
des localités où il serait cependant le plus nécessaire. Si
on réfléchit d'ailleurs que beaucoup de ruisseaux, en se
jetant dans l'Erdre, donnent naissance à des baies considérables et où l'eau se tient presque en stagnation sur un
sol vaseux et riche en végétaux, on se rendra aisément
compte des affections morbides qui se manifestent avec
une intensité remarquable dans ces diverses localités, à l'é-
poque des grandes chaleurs particulièrement. Parmi les
différentes baies dont nous voulons parler, nous citerons
celles du Petit-Port, de la Verrière, de Naye, engendrées
par l'affluent du Cens et d'autres ruisseaux, dans lesquelles
on rencontre abondamment les plantes dont nous avons
donné plus haut l'énumération.

Ces baies, beaucoup trop étendues pour être totalement
couvertes par les eaux des ruisseaux qui les traversent, se con-
vertissent en été en marais d'où il s'exhale des miasmes nuisibles, au fond desquels il suffit d'agiter quelque peu la vase pour
faire dégager des quantités considérables d'hydrogène protocarboné. Les affections qui résultent de l'influence de ces
marais sont surtout des fièvres intermittentes à différents
types promptement accompagnés d'une cachexie particulière qui s'observe très-bien sur les enfants, et qui est carac-
térisée par la teinte pâle et jaunâtre du visage, la bouffis-
sure et l'engorgement des viscères abdominaux. Il est remarquable que ce symptôme n'est que passager et qu'il se
dissipe en général chez tous les individus qui en sont atteints,
dès que l'élévation des eaux et le refroidissement de l'air
font cesser les évaporations marécageuses et en disséminent
ou en neutralisent les éléments. On ne trouve point les

traces de cette cachexie dans la disposition habituelle et la constitution particulière des habitants, comme cela s'observe près des marais plus étendus, plus longtemps découverts et susceptibles d'exhaler des miasmes plus pernicieux.

Ce fut particulièrement en 1824, lorsque les travaux de canalisation de l'Erdre furent activement poussés à Nantes, que les épidémies se déclarèrent. Le barrage de la rivière, rendant le cours des eaux beaucoup moins rapide, tendait à augmenter encore les causes d'insalubrité de cette rivière.

Il fut alors défendu aux boyaudiers et aux tripiers de jeter leurs débris dans la rivière. On interdit en même temps le lavage du linge dans les bateaux. Tous les médecins étaient, en effet, d'accord sur la cause des nombreuses maladies épidémiques qui affectaient périodiquement toute une partie de la ville. Il fut d'ailleurs constaté que pendant les travaux plusieurs laveuses contractèrent de graves maladies, et chacun sait quels éminents services l'usage des lotions chlorurées conseillées par le Conseil de Salubrité rendit aux ouvriers qui travaillaient à l'exécution du canal.

Nous n'avons jamais exécuté d'analyses de l'eau de l'Erdre puisée dans la ville de Nantes, sans nous demander comment le même Conseil de Salubrité qui avait reconnu et signalé l'intensité avec laquelle les tanneries et les usines où les corroyeurs préparent les peaux infectaient la rivière de l'Erdre, a pu tolérer l'agglomération de ces industries précisément à la partie centrale de la ville et dans l'endroit où ses eaux sont rendues stagnantes par l'effet du barrage. L'odeur qui s'exhale de ces eaux pendant les chaleurs,

leur aspect noirâtre et fangeux , les miasmes qui s'en dégagent, constituent cependant des indices assez clairs d'insalubrité. Quant aux usines qui en sont la cause incontestable, leur éloignement de Nantes et leur installation à
quelque distance en amont de l'Erdre eussent été beaucoup
plus sages et fort peu préjudiciables d'ailleurs aux industriels qui les exploitent.

L'eau de l'Erdre, ainsi que celle de plusieurs rivières du
département , possède une couleur verdâtre toute particulière indépendante de sa limpidité et vraisemblablement
occasionnée par la présence d'une matière organisée particulière dont nous n'avons pu étudier la nature, même avec
un excellent microscope. Cette coloration verdâtre assez
intense serait-elle la cause qui concourrait avec les végétaux qui croissent dans la rivière, à décomposer avec éner-
gie, sous l'influence solaire, l'acide carbonique de l'air retenu
dans l'eau et à oxigéner fortement cette dernière? Ou bien
l'active végétation que nous remarquons dans certaines rivières dont l'eau possède cette coloration verdâtre serait-
elle, comme agent de réduction d'acide carbonique, la cause
première de la végétation très-intense que nous présentent ces dernières? C'est ce que nous ne pouvons affirmer,
quoique cependant nos expériences nous aient démontré
que, dans ces rivières, la quantité d'oxigène de l'air pouvait
varier avec une grande rapidité.

Est-ce également, ainsi que M. Richer l'a avancé , à la
présence d'une matière organisée visqueuse que les eaux
de l'Erdre doivent les propriétés qu'elles ont de servir avec
avantage au blanchiment du linge ? Nous ne le croyons
pas, et nous pensons qu'il est beaucoup plus logique d'ad-

mettre que la faible quantité des sels calcaires qu'elle retient en dissolution est la cause la plus active et la plus
compatible avec les idées reçues à laquelle on puisse attribuer cette propriété particulière.

1.re EXPÉRIENCE.

11 *Juillet*. — EAU DE L'ERDRE

*Puisée au milieu de la rivière, entre la Jonnelière et le
village de Barbin.*

Température de l'eau.	—	18°,00 centig.
Pression barométrique.	—	0,765 mm.
Beau temps.		
Instant de la journée.	—	3 heures du matin.

Eau légèrement trouble et verdâtre, inodore.

Action des réactifs.

AZOTATE D'ARGENT.	— Léger trouble disparaissant sous l'influence de l'ammoniaque.
ACÉTATE DE PLOMB TRIBASIQUE.	— Précipité blanc.
TEINTURE NEUTRE DE TOURNESOL.	— Pas de changement.
CHLORURE DE BARIUM.	— *Id.*
OXALATE D'AMMONIAQUE.	— Trace de précipité.

Détermination des gaz.

Gaz obtenu par l'ébullition de 1 litre d'eau. — 17,87 c.c.

Composé ainsi qu'il suit pour 100 parties :

Oxigène.	—	28,22
Azote.	—	68,56
Acide carbonique.	—	3,22
		100,00

Détermination des sels et matières organiques.

RÉSIDU PROVENANT DE L'ÉVAPORATION DE 1 LITRE D'EAU :

		gr.
Matière inorganique.	—	0,0615
Matière organique.	—	0,0260

Composé ainsi qu'il suit :

Silice.	—	3,00
Alumine et oxide de fer.	—	8,00
Sodium.	—	17,00
Calcium.	—	12,90
Magnésium.	—	8,60
Chlore.	—	24,00
Acide sulfurique.	—	7,20
Acide carbonique et oxigène combiné.	—	19,30
		100,00

2.e EXPÉRIENCE.

7 *Juillet*. — EAU DE L'ERDRE

Puisée au déversoir de Nantes.

Température de l'eau.   —   21°,50 centig.
Pression barométrique.   —   0,762 ᵐᵐ.
Ciel nuageux.
Instant de la journée.   —   6 heures du soir.
Eau trouble, verdâtre, nauséabonde, donnant par le repos un
   léger précipité brun.

Action des réactifs.

AZOTATE D'ARGENT.   — Précipité très-sensible.
ACÉTATE DE PLOMB TRIBASIQUE. — Précipité abondant.
TEINTURE NEUTRE DE TOURNESOL. — Pas de changement.
CHLORURE DE BARIUM.   —   *Id.*
OXALATE D'AMMONIAQUE.   — Trace de précipité.

Détermination des gaz.

Gaz obtenu par l'ébullition de 1 litre d'eau. — 17,63 c. c.

Composé ainsi qu'il suit pour 100 parties :

Oxigène.   —   10,93
Azote.   --   76,57
Acide carbonique.   —   12,50
                            ————
                            100,00

Détermination des sels et matières organiques.

RÉSIDU PROVENANT DE L'ÉVAPORATION DE 1 LITRE D'EAU :

		gr.
Matières inorganiques.	—	0,0910
Matières organiques.	—	0,0510

Composé ainsi qu'il suit :

Silice.	—	2,00
Alumine et oxide de fer.	—	3,00
Sodium.	—	17,00
Calcium.	—	12,20
Magnésium.	—	7,30
Chlore.	—	23,70
Acide sulfurique.	—	6,50
Acide carbonique et oxigène combinés.	—	28,30
		100,00

5.ᵉ EXPÉRIENCE.

24 Juillet. — EAU DE L'ERDRE

Puisée entre la Jonnelière et le village de Barbin.

Température de l'eau.	—	21°,25 centig.
Pression barométrique.	—	0,763
Beau temps.		
Instant de la journée.	—	6 heures du soir.
Eau verdâtre, inodore, assez limpide.		

Action des réactifs.

Mêmes effets que ceux de l'expérience n.° 1.

Détermination des gaz.

Gaz obtenu par l'ébullition de 1 litre d'eau. — 20,75 c. c.

Composé ainsi qu'il suit pour 100 parties :

Acide carbonique.	—	6,18
Oxigène.	—	30,50
Azote.	—	63,32
		100,00

Détermination des sels et matières organiques.

Dosage identique avec celui de l'expérience n.° 1.

Il résulte donc de nos expériences les conséquences suivantes :

La quantité d'air contenue dans l'eau à la fin de la journée était plus considérable qu'à la fin de la nuit. Nous voyons, en effet, que, dans le premier cas, elle s'élevait à 20 c. c. 75, tandis qu'elle n'était exprimée que par le nombre 17 c. c., 87 dans le second.

Si nous examinons maintenant la composition de cet air,

nous voyons que du matin au soir la quantité d'oxigène été augmentée sous l'influence des plantes et de la lumière solaire ; l'azote a diminué, au contraire. Quant à l'acide carbonique, par une anomalie que nous ne nous expliquons pas, il a été trouvé plus considérable vers la fin de la journée qu'au commencement. Ce résultat, dont l'exactitude nous est démontrée, ne nous avait pas été fourni par nos expériences précédentes, dont les résultats nous ont permis de vérifier de la manière la plus précise l'influence des plantes vertes sur la plus ou moins grande oxigénation de l'eau sous l'influence de la lumière solaire. Au mois de mai particulièrement, c'est-à-dire à l'époque où la végétation s'effectue avec le plus de vigueur, ces différences sont extrêmement sensibles dans la rivière d'Erdre.

Il est bien certain qu'on peut profiter de cette propriété que possèdent les plantes vertes de décomposer l'acide carbonique, pour assainir certains cours d'eau dont le lit trop fangeux dégage de grandes quantités d'acide carbonique et d'hydrogène protocarboné. Ainsi les plantes telles que les *Trapa natans, Nymphæa alba, lutea, Villarsia nymphoïdes, Polygonum amphibium, Potamogeton lucens, crispus, natans, Hydrocharis morsus-ranæ*, etc., qui végètent à la surface des eaux, et ont peu de débris, sont très-favorables pour diminuer l'impureté des *eaux dormantes,* lorsqu'on les y met en certaines quantités. Dans ce cas, en effet, l'hydrogène protocarboné et l'acide carbonique exhalés par la décomposition des matières organiques contenues dans ces eaux, cèdent aux plantes aquatiques leur carbone et laissent échapper dans l'atmosphère et au sein de l'eau leur hydrogène et leur oxigène.

Si nous mettons en regard maintenant les résultats fournis par l'eau de l'Erdre, suivant qu'on la puise au déversoir
de Nantes ou bien à la Jonnelière, on trouve des différences
très-notables et dans la composition des gaz recueillis et
dans la quantité de matières solides contenues dans les
eaux soumises à l'analyse. Nous voyons ainsi l'oxigène des-
cendre du chiffre de 30,50 à 10,93 , et l'acide carbonique,
qui, à la Jonnelière, n'était que de 6,18, atteindre le chiffre
élevé de 12,50. L'azote de 63,32 s'est élevé à 76,57. Et
l'explication de ces faits est très-facile à donner de la manière la plus précise, lorsqu'on considère la quantité de détritus organisés de toutes sortes qui sont jetés chaque jour
dans la rivière précisément au-dessus du déversoir, la quantité de coltar et d'eau ammoniacale que l'usine du gaz y déverse, et la rapidité avec laquelle une eau très-riche en oxigène perd cet oxigène et devient riche en acide carbonique
sous l'influence de débris organiques quelconques.

Or, nous voyons que, tandis que l'eau de l'Erdre ne four-
nissait par litre avant son entrée à Nantes que 0,0615 de
résidu salin et 0,0260 de résidu organique , cette même
eau fournit au déversoir 0,0910 de résidu salin et 0,0510
de résidu organique. Il est impossible de ne pas attribuer
aux usines de la ville cette altération de l'eau, lorsqu'on
réfléchit que c'est principalement sur la matière organique
que porte l'augmentation décelée par l'analyse, et que la
calcination du résidu brut fourni par l'eau donne naissance
à une odeur de corne grillée qui caractérise parfaitement
la présence bien manifeste des matières d'origine animale.

Nous voyons encore pour l'Erdre, au déversoir, se produire cette diminution de matières peu solubles que nous

avons signalée pour la Loire pendant son trajet à Nantes. En effet, ce sont particulièrement la silice et l'alumine qui ont diminué d'une manière extrêmement sensible, tandis que les matières plus solubles n'ont pas éprouvé d'aussi notables changements dans leur agrégation avec les molécules aqueuses.

LA SÈVRE.

(SÈVRE NANTAISE.)

Cette rivière prend sa source dans la commune de Beugnon, arrondissement de Niort, département des Deux-Sèvres, et vient se jeter dans la Loire à Rezé, après avoir parcouru les communes de Boussay, Gétigné, Clisson, Gorges, Maisdon, le Pallet, Monnières, Saint-Fiacre, la Haie-Fouassière, Vertou et Rezé. Son cours dans le département de la Loire-Inférieure est de 16,000 mètres.

Elle reçoit une grande quantité de ruisseaux, parmi lesquels le plus important est la Sangueise, dont l'affluent se trouve près de Monnières. La Maine, petite rivière qui prend sa source dans le département de Maine-et-Loire, vient également grossir ses eaux, dans la commune de la Haie-Fouassière. La Sèvre, coulant entre des roches granitiques assez élevées, traverse le canton de Clisson dans une étendue de 6 lieues environ ; elle est retenue dans son cours par un certain nombre de chaussées, qui ont donné lieu à l'installation de diverses usines, telles que papeteries, filatures de laine, de coton et de lin ; moulins à farine ; moulins à foulon, etc. Son cours est de 20 lieues, depuis sa source jusqu'à son embouchure dans la Loire. Ses rives sont couvertes de superbes prairies, et çà et là de bois pittoresques. Pendant l'hiver, lorsque la Loire est haute, la Sèvre déborde et porte l'abondance sur les prés qu'elle inonde. Il n'existe pas de marais sur les bords de ce cours d'eau ; aussi n'y rencontre-t-on pas les fièvres intermittentes si communes sur les rives de l'Erdre.

Le micaschiste, l'amphibolite, le gneiss et le granit alternés composent le lit sur lequel coule cette rivière, dont les bords offrent, par leurs accidents de terrain et leur puissante végétation, les plus délicieux points de vue. Ses eaux sont d'ailleurs très-propres aux usages domestiques, en raison de la très-faible quantité de sels calcaires qu'elles renferment. Ainsi que nous l'indiquait la nature du sol sur lequel elle coule, nous avons trouvé la Sèvre très-riche en silice et en alumine. Le dépôt fourni par l'évaporation de son eau a été, du reste, fort minime.

EXPÉRIENCE.

9 *Juillet*. — EAU DE LA SÈVRE

Prise à la Morinière, près Nantes.

Température de l'eau.   —   18°,00 centig.
Pression barométrique.   —   0^m,757
Temps pluvieux.
Instant de la journée.   —   6 heures du soir.
Eau légèrement trouble, donnant naissance, au bout de quelques heures, à un dépôt organique brun.

Action des réactifs.

AZOTATE D'ARGENT.   — Léger trouble soluble dans l'ammoniaque.
ACÉTATE DE PLOMB TRIBASIQUE. — Précipité blanc.
TEINTURE NEUTRE DE TOURNESOL. — Pas de changement.
CHLORURE DE BARIUM.   —   *Id.*
OXALATE D'AMMONIAQUE.   — Trace de précipité.

Détermination des gaz.

Gaz obtenu par l'ébullition de 1 litre d'eau. — 17,79 c. c.

Composé ainsi qu'il suit pour 100 parties :

Oxigène.   —   24,74
Azote.   —   68,19
Acide carbonique.   —   7,07

     100,00

Détermination des sels et matières organiques.

RÉSIDU FOURNI PAR L'ÉVAPORATION DE 1 LITRE D'EAU :

		gr.
Matière inorganique.	—	0,0550
Matière organique.	—	0,0083

Composé ainsi qu'il suit :

Silice (1).	—	13,00
Alumine et oxide de fer.	—	5,00
Sodium.	—	24,00
Calcium.	—	7,10
Magnésium.	—	6,70
Chlore.	—	15,80
Acide sulfurique.	—	3,90
Acide carbonique et oxigène combiné.	—	24,50
		100,00

On voit que, dans l'eau de la Sèvre, la silice se trouve en quantité relativement considérable. Cette silice est-elle combinée à certaines substances organiques, ainsi qu'on l'a prétendu ? La faible proportion de ces dernières dans l'eau qui nous occupe, nous ferait écarter cette hypothèse. Toujours est-il que plusieurs analyses du dépôt fourni par l'évaporation des eaux de la Sèvre nous ont toujours donné

(1) Nous sommes portés à croire, d'après des expériences ultérieures, que la matière que nous avons dosée comme silice pure est ici un silicate d'alumine.

des résultats qui ne différaient que par des quantités insignifiantes de substance. Il est d'ailleurs assez rationnel d'admettre qu'en raison de la nature du sol sur lequel elle coule, la Sèvre emporte dans son cours des particules siliceuses extrêmement divisées, que l'analyse y décèle avec la plus grande facilité. L'eau de la Sèvre peut être considérée comme d'une grande pureté; et c'est, dit M. Fougnot, docteur en médecine à Clisson, à cette pureté des eaux de la Sèvre et de la Moine que les habitants de Clisson doivent la santé dont ils jouissent.

Les usines qui emploient l'eau comme matière première ou comme agent de décoloration et de teinture des tissus, celles qui ont recours à son intervention comme source de vapeur, ont tout intérêt à se placer au bord de la Sèvre, en raison des propriétés que possèdent ses eaux pour les divers usages auxquels elle est ordinairement destinée dans l'industrie.

LA VILAINE.

Les monts Ménez, ainsi qu'une chaîne de collines venant
du nord et se terminant près de la Loire, circonscrivent
le bassin de la Vilaine, l'ancien Hérius, petit fleuve qui
prend naissance auprès de Juvigné, devient navigable au
moyen d'écluses au village de Cessan, et, grossi par le
Meu, la Sèche, le Don, le Chère, etc., porte ses eaux à
l'Océan, après un trajet de 45 lieues ; la longueur totale de
sa navigation est de 14,000 mètres.

Cette rivière ne fait pas partie, à proprement parler, du
département de la Loire-Inférieure, dont elle détermine
seulement la délimitation de la commune de Beslé à celle
de Séverac. C'est un cours d'eau assez large, à fond vaseux,
dont les eaux sont verdâtres, troubles et odorantes, et dont

le phyllade constitue presque entièrement le lit dans le département.

En suivant le cours du Chère pour rejoindre la Vilaine, on arrive, après avoir franchi plusieurs coteaux élevés, aux grands marais de Massérac. On tire chaque année du lac Murin, grande étendue d'eau où a lieu le confluent du Don avec la Vilaine, environ 500 charretées d'engrais formé par les débris de plantes aquatiques telles que *Potamogeton*, *Ceratophyllum*, *Myriophillum*, *Chara*, etc.

Le Chère, l'Isac, le Don et plusieurs petits ruisseaux viennent grossir les eaux de la Vilaine, qui communiquent d'ailleurs avec celles de l'Erdre, par le canal de Bretagne. En amont du lac Murin, entre Massérac et la Vilaine, se trouvent les humides marais de Brain, inondés pendant tout l'hiver, et quelquefois même en été. Leur sol est formé par la vase compacte de la Vilaine, et presque entièrement couvert de *Marsilea quadrifolia*. Voici les résultats fournis par l'analyse des eaux de cette rivière :

1.re EXPÉRIENCE.

13 *Août*. — EAU DE LA VILAINE

Puisée à Redon.

Température de l'eau.	—	18°,50 centig.
Pression barométrique.	—	0^m,763
Beau temps.		
Instant de la journée.	—	6 heures du soir.
Eau limpide, incolore et inodore.		

Action des réactifs.

AZOTATE D'ARGENT.   — Précipité assez sensible, soluble dans l'ammoniaque.
ACÉTATE DE PLOMB TRIBASIQUE. — Précipité blanc abondant.
TEINTURE NEUTRE DE TOURNESOL. — Pas de changement.
CHLORURE DE BARIUM.   — *Id.*
OXALATE D'AMMONIAQUE.   — Précipité assez apparent.

Détermination des gaz.

Gaz obtenu par l'ébullition de 1 litre d'eau. — 20,50 c. c.

Composé ainsi qu'il suit pour 100 parties :

Oxigène.	—	18,35
Azote.	—	72,65
Acide carbonique.	—	9,00
		100,00

Détermination des sels et matières organiques.

RÉSIDU FOURNI PAR L'ÉVAPORATION DE 1 LITRE D'EAU :

		gr.
Matière inorganique.	—	0,0705
Matière organique.	—	0,0295

Composé ainsi qu'il suit :

Silice.	—	4,50
Alumine et oxide de fer.	—	4,50
Sodium.	—	23,00
Calcium.	—	10,00
Magnésium.	—	9,00
Chlore.	—	21,20
Acide sulfurique.	—	7,50
Acide carbonique et oxigène combiné.	—	20,30
		100,00

2.ᵉ EXPÉRIENCE.

27 Juillet. — EAU DE LA VILAINE

Prise à la Roche-Bernard (département du Morbihan).

Température de l'eau.	—	$20°,50$ centigr.
Pression barométrique.	—	$0^m,773$
Beau temps.		
Instant de la journée.	—	6 heures du soir.

Eau très-salée, incolore et inodore, donnant un dépôt de sable et de matière organique.

Action des réactifs.

AZOTATE D'ARGENT.	— Précipité très-abondant.
ACÉTATE DE PLOMB TRIBASIQUE. —	*Id.*
TEINTURE NEUTRE DE TOURNESOL. —	Pas de changement.
CHLORURE DE BARIUM.	— Précipité abondant.
OXALATE D'AMMONIAQUE.	— Précipité très-sensible.

Détermination des gaz.

Gaz obtenu par l'ébullition de 1 litre d'eau. — 11,16 c. c.

Composé ainsi qu'il suit pour 100 parties :

Oxigène.	—	21,25
Azote.	—	63,75
Acide carbonique.	—	15,00
		100,00

Détermination des sels et matières organiques.

RÉSIDU PROVENANT DE L'ÉVAPORATION DE 1 LITRE D'EAU :

Matière inorganique.	—	16,700 gr.
Matière organique.	—	»

Dans cette dernière analyse, la quantité de matière saline était, comme on le voit, extrêmement considérable, et consistait en sels de soude, de potasse, de chaux et de magnésie. La première expérience, effectuée sur l'eau de la Vilaine, prise à Redon, c'est-à-dire dans le département de la Loire-Inférieure, et loin de son embouchure, nous offre une composition toute différente. Néanmoins l'influence de la mer se fait encore sentir, par la quantité de chlorures de sodium et de magnésium que l'analyse fait retrouver dans l'eau examinée.

La Vilaine, à Redon, donne par l'évaporation un résidu salin qui diffère peu par sa proportion de celui que la Loire nous a fourni au sortir de Nantes.

LE DON.

Cette rivière est la plus considérable de celles qui sour-
dent dans le département. Elle prend sa source dans la
forêt de Juigné, et se jette dans la Vilaine. Une autre branche
du Don prend sa source à l'étang de Maubuisson, traverse
celui de la Selle, et vient se joindre à la première à l'étang
de Vouvantes.

Le Don traverse l'arrondissement de Châteaubriant et
celui de Savenay. Les communes qu'il parcourt dans le
premier, sont celles de Juigné , de Saint-Julien-de-Vou-
vantes, du Petit-Auverné , de Moisdon , d'Issé , de Treffieux et de Jans ; dans l'arrondissement de Savenay , le
Don parcourt les communes de Guémené et de Marsac.

La longueur totale de son cours est de 9,000 mètres.
A partir de son embouchure jusqu'à Treffieux, il fait tourner plusieurs moulins et sert au rouissage du lin, que les
riverains y pratiquent sur une grande échelle. A partir de
son embouchure jusqu'à Treffieux, il fait tourner quelques
roues d'usine, traverse les étangs d'Auverné, alimente les
forges de Moisdon, et forme dans cette localité plusieurs
étangs occasionnés par les chaussées qui retiennent ses
eaux. De Treffieux jusqu'aux approches de Conquereuil,
la vallée du Don est assez profonde et se lie par une pente
insensible avec les plateaux qui la dominent à droite
et à gauche. Ces plateaux sont des landes incultes dont
l'humus est composé de détritus de bruyères. De nombreux
moulins sont placés sur le Don dans cette localité; mais,
tandis que ceux de Jans et des environs ne manquent presque jamais d'eau, au contraire ceux de Marsac, Conquereuil et Guémené en manquent souvent. Selon les meuniers,
cette circonstance devrait être attribuée à l'imbibition des
terrains. En tout cas, les irrigations ne peuvent en être la
cause, puisque en raison de la profondeur de la vallée du
Don, les eaux ne peuvent se détourner de leur cours.

C'est surtout de Jans à Conquereuil que se dessinent les
plateaux semés de bruyères qui dominent le bassin du Don.
Ils sont composés au midi de schiste tabulaire, avec lequel
on construit des étables et des haies. Aux abords de Conquereuil, le plateau du sud se rapproche de la rivière. De
Conquereuil jusqu'à Guémené, le bassin s'encaisse et se
rétrécit; les coteaux schisteux du sud se dressent souvent
comme des murs, et donnent de temps à autre issue à
quelques affluents; enfin à Guémené le vallon n'est plus
qu'une gorge formée par deux murs schisteux de 50 mètres

d'élévation. Après Guémené apparaît le grand marais de Masserac, très-large à Guémené et très-étranglé près Masserac par le rocher du Port-Rolland, jeté là comme une gigantesque digue à l'extrémité d'un étang. Enfin une gorge étroite met le marais de Masserac en communication avec le lac Murin, qui se trouve en aval et marie le Don à la Vilaine. Du lac Murin à Guémené, les rives du Don sont formées par des prairies marécageuses d'un aspect uniforme, et où abonde l'*Airopsis*. Parmi les principaux affluents du Don, nous citerons le Cosne et le Chère, petit cours d'eau qui prend sa source près du village de Corbières, et sur lequel nous aurons plus loin occasion de nous arrêter.

Quoique renfermant un peu de quartzite, le lit du Don est presque entièrement composé de phyllade. Près de Moisdon, il existe un banc d'ardoises assez considérable, à peu de distance des usines métallurgiques connues sous le nom de forges de Moisdon.

Le Don est, dans beaucoup d'endroits, encombré de vase, d'herbages, de branches d'arbres, et ses inondations partielles produisent souvent des maladies épidémiques analogues à celles que provoque l'Erdre dans certaines localités riveraines (1). Les herbes qui croissent abondamment sur ses rives et dans son lit sont les *Ranunculus aquatilis*, *flammula*, *Potamogeton crispus*, *perfoliatus*, *Nymphæa alba*, *lutea*, *Sagittaria*, *Typha*, etc. Dans le marais de

---

(1) Les scrofules, les chloroses, les fièvres muqueuses, s'y manifestent assez fréquemment, et particulièrement dans la vallée de Caratel.

Masserac, c'est-à-dire près du confluent du Don et de la Vilaine, on remarque particulièrement des *Potamogeton*, *Chara*, *Myriophyllum*, *Ceratophyllum*, etc.

EXPÉRIENCE.

18 *Juillet*. — EAU DU DON

Recueillie au pont de Trénoux.

Température de l'eau.	—	21°,70 centigr.
Pression barométrique.	—	0^m,759
Temps pluvieux.		
Instant de la journée.	—	6 heures du soir.

Eau légèrement trouble, verdâtre, possédant une faible odeur marécageuse.

Action des réactifs.

AZOTATE D'ARGENT.	—	Trouble très-sensible.
ACÉTATE DE PLOMB TRIBASIQUE.	—	Précipité blanc.
TEINTURE NEUTRE DE TOURNESOL.	—	Pas de changement.
CHLORURE DE BARIUM.	—	*Id.*
OXALATE D'AMMONIAQUE.	—	Trouble léger.

Détermination des gaz.

Gaz obtenu par l'ébullition de 1 litre d'eau. — 21,73 c. c.

Composé ainsi qu'il suit pour 100 parties :

Oxigène.	—	24,75
Azote.	—	68,32
Acide carbonique.	—	6,93
		100,00

Détermination des sels et matières organiques.

RÉSIDU PROVENANT DE L'ÉVAPORATION DE 1 LITRE D'EAU :

		gr.
Matière inorganique.	—	0,0566
Matière organique.	—	0,0266

Composé ainsi qu'il suit :

Silice.	—	5,10
Alumine et oxide de fer.	—	5,10
Sodium.	—	24,00
Calcium.	—	17,20
Magnésium.	—	5,40
Chlore.	—	25,10
Acide sulfurique.	—	7,20
Acide carbonique et oxigène combiné.	—	10,90
		100,00

Il est très-probable que dans les eaux du Don, comme dans celles de l'Erdre, l'abondance des végétaux doit faire varier avec rapidité la quantité d'oxigène, et par suite celle de l'acide carbonique.

LE BRIVÉ.

Le Brivé prend sa source à Guenrouet, près les marais de Saint-Gildas, arrondissement de Savenay, et vient se jeter dans la Loire près de Saint-Nazaire, après avoir parcouru les communes de Drefféac, Cambon, Pont-Château, Besné, Saint-Joachim et Montoir, et reçu un assez grand nombre de petits ruisseaux. Son cours est de 25,000 mètres. Dans les grandes marées, le Brivé reçoit l'eau salée; en hiver, il déborde et inonde les prairies. Dans l'été, on retient ses eaux au moyen de chaussées, et on pratique le rouissage du lin dans les réservoirs ainsi formés. Le lit du Brivé est presque entièrement composé de micaschiste et de granit.

Dans quelques endroits cependant, la tourbe et quelquefois l'amphibolite en constituent la matière. C'est à la rive ouest du Brivé que se trouvent les immenses tourbières de Montoir, séparées par la rivière des prairies du même nom. Le Brivé sert d'égout aux marais tourbeux qui l'avoisinent. En été, ces marais, n'étant pas submergés, forment dans quelques localités des pâturages superbes; certains autres servent à fournir de la tourbe. On ne remarque presque jamais de fièvres intermittentes chez les habitants de ces marais. Les eaux du Brivé, soumises à l'analyse, nous ont donné le résultat suivant.

EXPÉRIENCE.

16 *Juillet*. — EAU DU BRIVÉ
Recueillie à Pont-Château.

Température de l'eau.   — $22°,50$ centig.
Pression barométrique.   — $0^{m},762$
Temps nuageux.
Instant de la journée.   —   6 heures du soir.
Eau verdâtre, donnant un dépôt brun de matière organique et possédant une odeur marécageuse.

Action des réactifs.

AZOTATE D'ARGENT.   — Précipité blanc.
ACÉTATE DE PLOMB TRIBASIQUE. —   *Id.*
TEINTURE NEUTRE DE TOURNESOL. — Pas de changement.
CHLORURE DE BARIUM.   — Trouble assez sensible.
OXALATE D'AMMONIAQUE.   —   *Id.*

Détermination des gaz.

Gaz obtenu par l'ébullition de 1 litre d'eau. — 23,60 c. c.

Composé comme il suit pour 100 parties:

Oxigène.	—	20,83
Azote.	—	63,55
Acide carbonique.	—	15,62
		100,00

Détermination des sels et matières organiques.

RÉSIDU PROVENANT DE L'ÉVAPORATION DE 1 LITRE D'EAU :

Matière inorganique.	—	0,1410 gr.
Matière organique.	—	0,0523

Composé comme il suit :

Silice.	—	1,80
Alumine et oxide de fer.	—	4,95
Sodium.	—	30,22
Calcium.	—	18,11
Magnésium.	—	2,74
Chlore.	—	15,80
Acide sulfurique.	—	3,94
Acide carbonique et oxigène combiné.	—	22,44
		100,00

Ici la quantité considérable d'acide carbonique quel'analyse nous a fait découvrir dans l'eau du Brivé, s'explique très-bien par la proportion considérable de matières organiques que les eaux de cette rivière contiennent. Le nombre 0,0523, qui exprime cette quantité, est en effet supérieur à tous ceux que nous avons obtenus jusqu'ici; ainsi l'Erdre, au déversoir de Nantes, renfermait, par litre, 0,0510 de matières organiques et 10,93 d'acide carbonique. Le Brivé, qui contient 0,0523 de ces matières, nous a fourni 15,62 du même gaz.

Il est facile aussi de s'expliquer l'abondance des matières organiques et des matières salines contenues dans les eaux du Brivé, en considérant que ce cours d'eau baigne des tourbières considérables dont il reçoit les eaux très-chargées de matière minérale. Aussi le Brivé est-il le cours d'eau qui nous a fourni la plus grande proportion de sels pour une quantité donnée de liquide. Nous exceptons, bien entendu, l'eau de la Vilaine prise à la Roche-Bernard, puisque ce n'est qu'en raison de sa proximité de la mer que cette dernière contient d'aussi fortes quantités de matière saline.

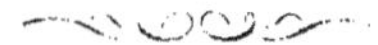

LA MOINE.

Ce cours d'eau, qui prend sa source dans le département de Maine-et-Loire, suit la limite du département de la Loire-Inférieure et vient se jeter dans la Sèvre à Clisson. Ses eaux sont, comme celles de la Sèvre, très-salubres, potables et propres aux usages domestiques et industriels.

La Moine reçoit un grand nombre de petits ruisseaux peu importants et coule de l'est à l'ouest jusqu'à son embouchure. Son cours est de 5 myriamètres, et moins important par le volume de ses eaux que ne le ferait supposer l'étendue de son cours; mais tous ses affluents des deux rives ayant très-ordinairement moins de 3 kilomètres et rarement plus de 5, il n'est pas étonnant que ce ne soit pour ainsi dire qu'un gros ruisseau qui se jette dans la Sèvre à Clisson, à moins de 5 kilom. après la limite de Maine-et-Loire. La Moine sépare ce dernier département de celui de la Vendée, dans une étendue de 15 kilomètres, et court entre des phyllades et des granits, mais plus généralement sur quelques bancs de quartz, comme entre la Seguinière et la Romagne. — La Moine offre un vallon profond d'un effet très-curieux à voir par les accidents de roches granitiques qui s'y rencontrent, et qu'on ne peut comparer qu'à ceux de la Sèvre Nantaise. Elle est sujette, vers le mois de mars, à de grands débordements, tandis que dans les étés secs, comme 1831 et 1833, elle cesse de couler entièrement. L'étang des Houilleries, à 5 kilomètres de Maulevrier, hors du département, est le point d'origine de la Moine. Elle présente beaucoup de moulins sur son cours, et de belles et fertiles prairies la bordent. Son lit est peu encombré de végétaux.

EXPÉRIENCE.

26 *Juillet*. — EAU DE LA MOINE

Recueillie à Clisson.

Température de l'eau.   —   22°,00 centig.
Pression barométrique.   —   0^m,772
Ciel nuageux.
Instant de la journée.   —   6 heures du soir.
Eau verdâtre, légèrement odorante.

Action des réactifs.

AZOTATE D'ARGENT.	— Précipité très-sensible.
ACÉTATE DE PLOMB TRIBASIQUE.	— Précipité très-abondant.
TEINTURE NEUTRE DE TOURNESOL.	— Pas de changement.
CHLORURE DE BARIUM.	— *Id.*
OXALATE D'AMMONIAQUE.	— Louche.

Détermination des gaz.

Gaz obtenu par l'ébullition de 1 litre d'eau. — $\overset{\text{c. c.}}{22,08}$

Composé ainsi qu'il suit pour 100 parties:

Oxigène.	—	19,48
Azote.	—	65,65
Acide carbonique.	—	14,87
		100,00

Détermination des sels et matières organiques.

RÉSIDU PROVENANT DE L'ÉVAPORATION DE 1 LITRE D'EAU:

		gr.
Matière inorganique.	—	0,1180
Matière organique.	—	0,0410

Composé ainsi qu'il suit :

Silice.	—	8,30
Alumine et oxide de fer.	—	6,00
Sodium.	—	25,00
Calcium.	—	9,30
Magnésium.	—	4,50
Chlore.	—	19,70
Acide sulfurique.	—	4,60
Acide carbonique et oxigène combiné.	—	22,60
		100,00

La Moine est, comme on le voit, l'un des cours d'eau du département qui nous ont fourni la quantité la plus considérable de matière saline en dissolution. La silice et l'alumine figurent dans ces matières pour une proportion assez notable, ce qui s'explique très-bien en raison de la nature siliceuse du sol sur lequel coule cette rivière.

LE CHÈRE.

Le Chère prend sa source près du village de Corbières,
sur la limite orientale de la commune de Soudan; parcourt
les communes de Soudan, Châteaubriant, Rougé, Saint-
Aubin-des-Châteaux, Sion, Mouais, Derval, et vient se
jeter dans la Vilaine près Beslé. A Châteaubriant, il forme
des marais entourés de végétaux tels que *Chara*, *Typha*, *Sagittaria*, *Iris*, *Carex*, *Sphagnum*, etc. C'est près de cette
ville qu'il donne naissance à l'étang de la Torche et reçoit
les eaux des étangs de Deille et de Choiselle.

Les forges de la Hunaudière, quelques moulins à tan
et un grand nombre de moulins à farine sont alimen-

tés par le Chère, qui reçoit l'affluent de plusieurs ruisseaux et entre autres celui de la petite rivière de la Cour-
betière, qui sort des étangs du même nom. De sa source à
la Hunaudière, le lit du Chère a à peine de 4 à 5 mètres.

Les bords du Chère sont très-boisés et souvent formés par
des prairies fertiles, qu'il inonde rarement en totalité. Le lit
de la rivière est toujours en très-mauvais état de curage. Il
est encombré par des plantes nombreuses, et notamment
par les *Juncus*, *Ranunculus*, *Potamogeton*, *Polygonum*,
Sparganium, etc. L'*Arundo phragmites* se trouve sur tous
les bords du Chère, et les pare en quelque sorte d'une élé-
gante collerette de ses tiges élevées, de ses feuilles vertes
et de ses panaches bruns, brillants, qui se balancent au vent.

Son lit est presque entièrement composé de phyllade
mélangé de quelque peu de psammite. Son embouchure
est marécageuse et rappelle les prés du bas de la Loire. Le
rouissage du lin se pratique sur tout son cours, ce qui
n'empêche pas le Chère d'être très-poissonneux. Il serait à
désirer que cette rivière fût soumise à des règlements de
curage rigoureusement suivis, surtout dans son parcours de
Châteaubriant, où elle traverse les fossés de la ville, et où son
croupissement infecte tout le voisinage (cela se conçoit
d'autant mieux, que des tanneurs et des tripiers, établis sur
les bords de ces fossés, y jettent tous leurs résidus, dont la
décomposition engendre les miasmes qui s'en dégagent),
ou, mieux encore, qu'on la rendît navigable.

EXPÉRIENCE.

5 *Juillet*. — EAU DU CHÈRE

Recueillie à Châteaubriant.

Température de l'eau.   —   19°,50 centig.
Pression barométrique.   —   0^m,764
Beau temps.
Instant de la journée.   —   6 heures du soir.
Eau trouble, nauséabonde, donnant un dépôt brun de matières
    organiques. (La rivière était fort basse.)

Action des réactifs.

AZOTATE D'ARGENT.	— Trouble très-sensible.
ACÉTATE DE PLOMB TRIBASIQUE. —	*Id.*
TEINTURE NEUTRE DE TOURNESOL. —	Pas de changement.
CHLORURE DE BARIUM.	— *Id.*
OXALATE D'AMMONIAQUE.	— Précipité sensible.

Détermination des gaz.

$$\text{c. c.}$$
Gaz obtenu par l'ébullition de 1 litre d'eau. —   18,37

Composé ainsi qu'il suit pour 100 parties :

Oxigène.	—	12,76
Azote.	—	75,19
Acide carbonique.	—	12,05
		100,00

Détermination des sels et matières organiques.

RÉSIDU PROVENANT DE L'ÉVAPORATION DE 1 LITRE D'EAU :

		gr.
Matière inorganique.	—	0,0830
Matière organique.	—	0,0170

Composé ainsi qu'il suit :

Silice.	—	4,00
Alumine et oxide de fer.	—	11,00
Sodium.	—	22,00
Calcium.	—	10,70
Magnésium.	—	9,10
Chlore.	—	22,70
Acide sulfurique.	—	8,20
Acide carbonique et oxigène combiné.	—	12,30
	—	100,00

Il est bien évident que la quantité relative d'oxigène et d'acide carbonique que nous a donnée l'analyse, ne peut-être considérée comme normale ; nous en trouvons la cause toute simple dans la stagnation des eaux de la rivière sur des détritus animaux et végétaux, et l'état d'amoindrissement où elle se trouvait en certaines parties à l'instant où nous avons recueilli notre eau.

LA MAINE.

Cette petite rivière prend sa source dans la forêt de
Vezins, arrondissement de Beaupreau , département de
Maine-et-Loire , et vient à la Haie-Fouassière se jeter dans
la Sèvre, après avoir parcouru les communes de Remouillé,
Aigrefeuille , Saint-Lumine-de-Clisson , Maisdon, Château-Thébaud et Saint-Fiacre. La Maine est très-peu large,
exempte de végétaux, et bordée de prairies et de vignes;
elle déborde souvent après les fortes pluies , et coule généralement sur de la vase et quelquefois sur du sable.

Son lit est principalement formé de micaschiste et de granit ; l'amphibolîte y est aussi alterné. Parmi les principaux

ruisseaux qui viennent affluer dans la Maine, nous citerons particulièrement ceux de Richebourg, de la Cassinière, du Pont-Bachellier, de la Bordelière, de la Pepière, de la Chasse-Loire, de Viturneuf, de Bersauvage, de la Templerie, etc., etc.

EXPÉRIENCE.

27 Juillet. — EAU DE LA MAINE
Recueillie à Château-Thébaud.

Température de l'eau.	—	24°, 70 centigr.
Pression barométrique.	—	0^m, 773
Temps couvert.		
Instant de la journée.	—	6 heures du soir.
Eau jaunâtre, inodore, donnant un léger dépôt.		

Action des réactifs.

AZOTATE D'ARGENT.	— Trouble sensible.
ACÉTATE DE PLOMB TRIBASIQUE.	— Précipité blanc.
TEINTURE NEUTRE DE TOURNESOL.	— Pas de changement.
CHLORURE DE BARIUM.	— *Id.*
OXALATE D'AMMONIAQUE.	— Trouble très-manifeste.

Détermination des gaz.

Gaz obtenu par l'ébullition de 1 litre d'eau — 19,09 c. c.

Composé ainsi qu'il suit pour 100 parties :

Oxigène.	—	20,61
Azote.	—	69,09
Acide carbonique.	—	10,30
		100,00

Détermination des sels et matières organiques.

RÉSIDU PROVENANT DE L'ÉVAPORATION DE 1 LITRE D'EAU :

		gr.
Matière inorganique.	—	0,0760
Matière organique.	—	0,0400

Composé ainsi qu'il suit :

Silice.	—	3,10
Alumide et oxide de fer.	—	5,40
Sodium.	—	23,00
Calcium.	—	9,30
Magnésium.	—	7,90
Chlore.	—	16,30
Acide sulfurique.	—	2,90
Acide carbonique et oxigène combiné.	—	32,10
		100,00

L'ISAC.

L'Isac prend sa source dans la forêt de l'Arche, parcourt les communes d'Abbaretz, de Saffré, de Blain, de Guenrouet et de Sévérac, puis se jette dans la Vilaine en cette dernière commune. Il est canalisé près Blain, et constitue alors une partie du canal de Bretagne. Le bassin de l'Isac à Blain a **18** lieues de circonférence, et est d'autant plus remarquable qu'il n'est nullement en rapport avec le peu d'étendue du lit actuel de la rivière. Ce bassin est borné au nord par les coteaux de Marsac et de Nozay; la forêt du Gâvre le termine au nord-ouest. A l'ouest, les landes de Quilly et de Bouvron le séparent des marais de

Brivé ; au sud-ouest, ce sont les collines de Malleville, du Temple et de Vigneux, surnommées vulgairement le sillon de Bretagne ; enfin au sud-est et à l'est, il est terminé par les landes de Treillières, de Grand-Champ et celles où se trouvait l'une des anciennes forêts de Héric.

Le lit de l'Isac est parfois sablonneux, mais le plus souvent vaseux. Lorsqu'elle est gonflée par les pluies, cette rivière déborde dans les prairies, sur lesquelles elle dépose un limon jaunâtre qui altère la qualité des foins. Elle reçoit plusieurs petits ruisseaux et se trouve, par le fait du canal de Bretagne, en communication avec la Loire, l'Erdre et la Vilaine.

EXPÉRIENCE.

14 *Juillet*. — EAU DE L'ISAC

Recueillie près Blain.

Température de l'eau.	—	20°,00 centigr.
Pression barométrique.	—	0^m,760
Temps orageux.		
Instant de la journée.	—	6 heures du soir.
Eau très-limpide, inodore et incolore.		

Action des réactifs.

AZOTATE D'ARGENT.	—	Trouble très-sensible.
ACÉTATE DE PLOMB TRIBASIQUE.	—	Précipité blanc.
TEINTURE NEUTRE DE TOURNESOL.	—	Pas de changement.
CHLORURE DE BARIUM.	—	*Id.*
OXALATE D'AMMONIAQUE.	—	Léger louche.

Détermination des gaz.

Gaz obtenu par l'ébullition de 1 litre d'eau. — 19,55 c. c.

Composé ainsi qu'il suit pour 100 parties :

Oxigène.	—	27,13
Azote.	—	67,85
Acide carbonique.	—	5,02
		100,00

Détermination des sels et matières organiques.

RÉSIDU PROVENANT DE L'ÉVAPORATION DE 1 LITRE D'EAU :

		gr.
Matière inorganique.	—	0,0750
Matière organique.	—	0,0126

Composé ainsi qu'il suit :

Silice.	—	4,60
Alumine et oxide de fer.	—	4,60
Sodium.	—	16,70
Calcium.	—	20,10
Magnésium.	—	6,80
Chlore.	—	24,70
Acide sulfurique.	—	7,20
Acide carbonique et oxigène combiné.	—	15,30
		100.00

LE CENS.

———

Le Cens est un petit cours d'eau qui prend sa source à
Sautron, où il s'appelle ruisseau de Sautron ; il vient se
jeter dans l'Erdre un peu au-dessus de Nantes, après
avoir parcouru les communes de Sautron, d'Orvault et de
Nantes. Il reçoit plusieurs petits ruisseaux sans importance,
entre autres celui d'Orvault, et coule presque constamment
sur du micaschiste. Ses bords sont très-accidentés jusqu'à
son embouchure, qui forme, ainsi que nous l'avons déjà dit,
une baie assez étendue désignée sous le nom de Petit-Port,
et qui a du rapport avec celle de la Verrière, non moins
pittoresque. Ces petites baies sont une image de la fécon-

dité de la nature livrée à elle-même; leurs eaux sont basses et croupissantes, et leurs terrains fangeux; la végétation s'y montre dans toute sa force. On trouve abondamment au milieu de ces marais l'arbrisseau odorant vulgairement nommé cirier, que les habitants appellent *avorton*, et les plantes des genres *Carex*, *Lysymachia*, *Lythrum*, *Nymphœa*, *Typha*, *Potamogeton*, *Ranunculus*, etc.

EXPÉRIENCE.

10 Juillet. — EAU DU CENS

Recueillie au pont de la route de Rennes

Température de l'eau.	20°,35 centig.
Pression barométrique.	0ᵐ,761
Beau temps.	
Instant de la journée.	6 heures du soir.
Eau légèrement trouble, exhalant une faible odeur de marécage.	

Action des réactifs.

AZOTATE D'ARGENT.	Précipité assez notable.
ACÉTATE DE PLOMB TRIBASIQUE.	Précipité abondant.
TEINTURE NEUTRE DE TOURNESOL.	Pas de changement.
CHLORURE DE BARIUM.	*Id.*
OXALATE D'AMMONIAQUE.	Trouble à peine sensible.

Détermination des gaz.

Gaz obtenu par l'ébullition de 1 litre d'eau. — 21,45 c. c.

Composé ainsi qu'il suit pour 100 parties :

Oxigène.	—	25,74
Azote.	—	69,37
Acide carbonique.	—	4,89
		100,00

Détermination des sels et matières organiques.

RÉSIDU PROVENANT DE L'ÉVAPORATION DE 1 LITRE D'EAU :

		gr.
Matière inorganique.	—	0,1190
Matière organique.	—	0,0110

Composé ainsi qu'il suit :

Silice.	—	30,87
Alumine et oxide de fer	—	12,40
Sodium.	—	16,11
Calcium.	—	8,12
Magnésium.	—	0,76
Chlore.	—	16,79
Acide sulfurique.	—	3,96
Acide carbonique et oxigène combiné.	—	10,99
		100,00

Aucun cours d'eau jusqu'ici ne nous avait encore donné

une aussi grande quantité de matière minérale; aussi avons-nous tenu à répéter plusieurs fois cette analyse, surtout en raison de l'aspect micacé tout particulier que nous offrait le résidu de nos évaporations.

Nous n'avons pas tardé à nous apercevoir que le résidu insoluble que nous obtenions sur notre filtre après l'ébullition avec l'acide chlorhydrique, n'était pas de la silice pure, mais bien un silicate, entraîné par le courant, à un état de division extrême. Nous l'avons attaqué dans un creuset d'argent par le carbonate de soude, et nous avons annexé à la chaux et à l'alumine que nous avions déjà obtenues par la seule action de l'acide, les quantités que cette seconde analyse nous avait fournies. Nous devons ajouter, du reste, que les eaux étaient grossies depuis quelques jours, par de violents orages.

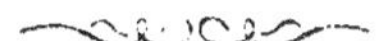

LA CHÉSINE.

La Chésine prend sa source en Saint-Étienne, près la croix Gaudin, et vient se jeter dans la Loire à Nantes, après avoir parcouru les communes de Chantenay et de Saint-Herblain. Ce ruisseau, dont le cours est généralement encaissé, déborde l'hiver et inonde de belles prairies qu'il fertilise. Ses bords sont pittoresques et souvent boisés, et son cours est très-sinueux aux abords de Nantes. Il fournit des eaux croupissantes, dont les émanations paraissent moins insalubres depuis qu'un curage de ce cours d'eau a été effectué. Il coule sur un lit de la même constitution géologique que le Cens, et reçoit quelques ruisseaux peu importants, tels que celui des Landes, du Doux-Garnier, de Carcouet, des Dervalières, etc. L'analyse de ses eaux a donné le résultat suivant :

EXPÉRIENCE.

13 *Juillet*. — EAU DE LA CHÉSINE

Recueillie près Nantes, à Carcouet.

Température de l'eau.	—	19° centig.
Pression barométrique.	—	$0^m,766$
Beau temps.		
Instant de la journée.	—	6 heures du soir.

Eau légèrement trouble, exhalant l'odeur de marécage.

Action des réactifs.

AZOTATE D'ARGENT.	—	Précipité sensible.
ACÉTATE DE PLOMB TRIBASIQUE.	—	Très-abondant.
TEINTURE NEUTRE DE TOURNESOL.	—	Pas de changement.
CHLORURE DE BARIUM.	—	A peine sensible.
OXALATE D'AMMONIAQUE.	—	*Id.*

Détermination des gaz.

Gaz obtenu par l'ébullition de 1 litre d'eau. — $19,25$ c. c.

Composé ainsi qu'il suit pour 100 parties :

Oxigène.	—	22,35
Azote.	—	72,45
Acide carbonique.	·	5,20
		100,00

Détermination des sels et matières organiques.

RÉSIDU PROVENANT DE L'ÉVAPORATION DE 1 LITRE D'EAU :

		gr.
Matière inorganique.	—	0,0920
Matière organique.	—	0,0210

Composé ainsi qu'il suit :

Silice.	—	8,60
Alumine et oxide de fer.	—	5,20
Sodium.	—	22,00
Calcium.	—	4,30
Magnésium.	—	7,30
Chlore.	—	23,90
Acide sulfurique.	—	7,20
Acide carbonique et oxigène combiné.	—	21,50
		100,00

LAC DE GRAND-LIEU.

Ce lac, le plus grand de toute la France, est formé par la réunion des eaux de la Boulogne, de l'Ognon, du Tenu, de la Logne, et se déverse dans la Loire par l'Acheneau, rivière canalisée et ayant son embouchure près des marais de Buzay. Sa surface est évaluée à 7,000 hectares. Il a environ deux lieues et demie de longueur et deux lieues de largeur. Sa base est un schiste recouvert d'argile propre à la poterie, et ses rives sont formées par le micaschiste, le psammite et l'ophiolite. Dans certains endroits, le lac de Grand-Lieu ne renferme guère que trois ou quatre pieds d'eau ; dans d'autres, au contraire, sa profondeur est assez considérable. Ses bords seulement, qui sont quelquefois marécageux, donnent naissance à plusieurs plantes aquatiques, telles que les *Chara, Potamogeton, Nymphæa, Trapa natans*, etc. Les poissons du lac de Grand-Lieu sont généralement estimés, et les habitants de ses rives sont associés pour l'exploitation de la pêche. Le lac est bordé de joncs et de prairies marécageuses.

EXPÉRIENCE.

17 *Juillet*. — EAU DU LAC DE GRAND-LIEU

Recueillie près de Bouaye.

Température de l'eau.   —   21°,50 centig.
Pression barométrique.   —   0^m,759
Beau temps.
Instant de la journée.   —   6 heures du soir.
Eau trouble, exhalant une légère odeur de marécage et donnant un dépôt très-sensible.

Action des réactifs.

Azotate d'argent.   — Précipité assez abondant.
Acétate de plomb tribasique. —   *Id.*   *id.*
Teinture neutre de tournesol. — Pas de changement.
Chlorure de barium.   —   *Id.*
Oxalate d'ammoniaque.   — Léger trouble.

Détermination des gaz.

Gaz obtenu par l'ébullition de 1 litre d'eau. — 20,04 c. c.

Composé ainsi qu'il suit pour 100 parties :

Oxigène.	—	29,89
Azote.	—	67,02
Acide carbonique.	—	3,09
		100,00

Détermination des sels et matières organiques.

RÉSIDU PROVENANT DE L'ÉVAPORATION DE 1 LITRE D'EAU :

		gr.
Matière inorganique.	—	0,0650
Matière organique.	—	0,0126

Composé ainsi qu'il suit :

Silice.	—	9,00
Alumine et oxide de fer.	—	9,00
Sodium.	—	20,00
Calcium.	—	9,30
Magnésium.	—	3,00
Chlore.	—	20,70
Acide sulfurique.	—	0,00
Acide carbonique et oxigène combiné.	—	29,00
		100,00

L'eau du lac de Grand-Lieu est la seule qui ne nous ait fourni aucune trace pondérable de sulfate.

Analyse d'un dépôt de chaudière à vapeur alimentée par l'eau de la Loire.

———

Ce dépôt nous a été remis par M. Lotz, constructeur, qui emploie le préservatif Neron et Chavarot dans le but d'éviter une trop forte agrégation du dépôt qui se forme toujours dans les chaudières au bout d'un laps de temps plus ou moins considérable. Aussi ce dépôt était-il léger, feuilleté et très-doux au toucher. Il nous a donné le résultat suivant pour 100 parties.

Silice.	—	4,70
Alumine et oxide de fer.	—	2,20
Sodium.	—	0,00
Calcium.	—	27,05
Magnésium.	—	10,88
Chlore.	—	0,74
Acide sulfurique.	—	10,52
Acide carbonique et oxigène combiné.	—	43,91
		100,00

En comparant ce dépôt avec celui que nous a donné l'eau de la Loire évaporée dans les circonstances ordinaires, nous voyons que la soude a tout à fait disparu ; mais les sulfates peu solubles s'y trouvent en quantité plus considérable. Le chlore n'y figure plus que pour une très-faible proportion, car il a dû nécessairement décroître en même temps que le sodium; enfin les carbonates y sont bien plus abondants.

TABLEAU COMPARATIF

Des résidus fournis par quelques eaux potables.

Noms des eaux.		Quantité de résidu par litre d'eau.
Eau de la Seine,	avant sa jonction à la Marne	0,1785
	dans Paris	0,1705
	au sortir de Paris	0,1810
	à Rouen	0,1700
	au sortir de Rouen	0,1760
Eau de la Marne, avant sa jonction à la Seine		0,1801
Eau de la Vienne, à Troyes		0,1980
Eau du Rhône, à Lyon, en été		0,1073
Id. *id.* en hiver		0,1838
Eau de la Saône, à Lyon		0,1410
Eau de la Loire, près Firminy, près Saint-Étienne		0,0352
Id. *id.* à Nantes		0,0950
Id. *id.* au sortir de Nantes		0,0750
Eau du canal de l'Ourcq, près Paris		0,4521
Eau de la rivière de Bapeaume (Seine-Inférieure).		0,1491 à 0,1602
Eau de la rivière de Robec, avant son entrée à Rouen..		0,1780
Eau de la rivière d'Aubette, avant son entrée à Rouen..		0,2600
Eau de la rivière de Lillebonne (Seine-Inférieure)		0,2480
Eau de la rivière de Valmont		0,2756
Source d'Arcueil (fontaine de l'Institut, à Paris)		0,4660
Eau des fontaines ou sources de Rouen		0,2140 à 1,7530
Eau des fontaines ou sources du Havre		0,3939 à 0,6135
Eau des sources de Belleville et de Ménilmontant, près Paris		1,6490
Eau d'un puits artésien, à Perpignan		0,2300
Id. *id.* à Rouen		0,1327
Id. *id.* à Elbeuf		0,7100
Id. *id.* à Grenelle, dans Paris		0,1430

Tels sont les résultats que nos études sur les eaux courantes du département de la Loire-Inférieure nous ont permis de consigner avec certitude.

Nous désirons vivement que les agriculteurs et les industriels, pour qui la nature des eaux est une condition si importante de vitalité, jettent un regard sur le tableau ci-annexé, et dans lequel nous avons résumé nos recherches analytiques.

Puisse aussi le gouvernement encourager les expérimentateurs à entreprendre, pour chaque département, une série de travaux analogues; la réunion de tous ces documents serait certainement le moyen le plus certain d'arriver à la solution des grandes questions agronomiques, base immédiate de toute prospérité nationale.

Nantes, 20 septembre 1846.

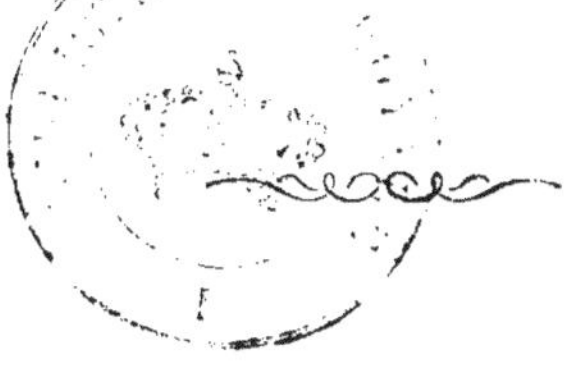

Nantes, Imprimerie de M.me veuve C. Mellinet. — 41,818.

TABLEAU DES RÉSULTATS

FOURNIS PAR L'ANALYSE DES COURS D'EAU DE LA LOIRE-INFÉRIEURE.

QUANTITÉ D'EAU ANALYSÉE : 1 LITRE.

NOMS DES COURS D'EAU.	DATE de la Prise d'Eau.	TEMPÉRATURE de l'Eau.	PRESSION barométrique.	ÉTAT de l'Atmosphère.	QUANTITÉ DE GAZ recueilli.	Acide carbonique.	Oxygène.	Azote.	RÉSIDU salin.	RÉSIDU organique.	Silice.	...et oxide de fer.	[illegible].	[illegible].	[illegible].	[illegible].	Acide sulfurique.	[illegible].	ÉTAT DE L'EAU.	Observations.
LA LOIRE, à Nantes, près du Château....	7 juillet.	20,00	0,762	Nuageux.	17,46	3,03	31,31	65,66	0,0950	0,0220	5,09	4,54	8,72	24,85	5,81	7,44	3,94	39,13	Assez limpide; dépôt sablonneux.	Échelle fort basse.
LA LOIRE, au sortir de Nantes.........	12 juillet.	20,50	0,769	Beau temps.	21,39	5,11	30,39	84,50	0,0750	0,0253	4,58	4,00	9,24	26,15	5,67	7,11	3,94	37,60	Idem. Idem.	Idem.
L'ERDRE, près de la Jonnelière, le matin.	14 juillet.	18,00	0,765	Beau temps.	17,87	3,22	28,22	68,56	0,0615	0,0260	3,00	8,00	17,00	12,00	8,60	24,00	7,20	19,30	Légèrement trouble; verdâtre; inodore.	"
L'ERDRE, à la Jonnelière, 6 heures du soir.	24 juillet.	21,25	0,763	Beau.	20,75	6,18	30,50	63,32	"	"	"	"	"	"	"	"	"	"	Idem. Idem.	En mai. la différence en oxigène avait été bien plus sensible.
L'ERDRE, au déversoir de Nantes......	7 juillet.	21,50	0,752	Nuageux.	17,63	12,50	10,93	76,57	0,0910	0,0310	2,07	3,06	17,00	12,20	7,30	23,70	6,50	28,30	Trouble; verdâtre; nauséabonde.	Le résidu salin porté au rouge dégageant sensiblement l'odeur de corne grillée.
LA SÈVRE, à la Morinière..........	9 juillet.	18,00	0,737	Pluvieux.	17,79	7,07	24,74	68,19	0,0550	0,0083	13,00	5,00	24,00	7,10	6,70	18,80	3,90	24,50	Légèrement trouble; dépôt organique brun.	Rivière haute.
LA VILAINE, à Redon............	13 août.	18,50	0,763	Couvert.	20,50	9,00	18,35	72,65	0,0705	0,0295	4,50	4,50	23,90	10,00	9,00	21,20	7,50	20,30	Limpide; incolore; inodore.	"
LA VILAINE, à la Roche-Bernard......	27 juillet.	20,50	0,772	Beau.	11,16	15,00	21,25	63,75	16,700	"	"	"	"	"	"	"	"	"	Très-salé; incolore; inodore; dépôt de sable et de matières organ.	"
LE DON, au pont de Tréuoux.........	18 juillet.	21,70	0,759	Beau.	21,73	6,93	24,75	68,32	0,0566	0,0266	5,10	3,10	24,00	17,20	5,40	25,10	7,20	18,90	Légèrement trouble; verdâtre; faible odeur.	"
LE BRIVÉ, à Pontchâteau............	16 juillet.	22,50	0,762	Nuageux.	23,60	13,62	20,83	63,55	0,1110	0,0593	1,60	4,95	34,22	18,11	2,74	13,80	3,94	22,44	Verdâtre; dépôt brun de matières organ.; odeur marécageuse.	"
LA MOINE, à Clisson.............	26 juillet.	22,00	0,772	Nuageux.	22,08	14,87	19,48	65,65	0,1180	0,0410	8,30	6,00	25,00	9,36	4,50	19,70	4,60	22,60	Verdâtre; faible odeur.	"
LE CHÈRE, à Châteaubriant.........	5 juillet.	19,50	0,761	Beau.	18,37	12,05	12,76	75,19	0,0830	0,0170	4,00	11,00	22,00	10,70	9,10	22,70	8,20	12,30	Trouble; odeur nauséabonde; dépôt de matières organiques.	Rivière basse, peu courante.
LA MAINE, à Château-Thébaud........	27 juillet.	25,70	0,773	Beau.	19,09	10,30	20,51	69,09	0,0760	0,0400	3,10	5,40	23,00	9,30	7,90	18,30	2,90	32,10	Jaunâtre; inodore; léger dépôt.	"
L'ISAC, à Blain.............	14 juillet.	26,00	0,750	Orageux.	19,55	5,02	27,13	67,85	0,0750	0,0126	4,60	4,60	16,70	20,10	6,80	24,70	7,20	15,30	Très-limpide; inodore; incolore.	"
LE CENS, au Pont du Cens, près de Nantes.	10 juillet.	20,35	0,761	Beau, nuages.	21,45	4,59	25,71	69,37	0,1190	0,0110	30,87	12,48	16,11	8,12	0,76	16,70	3,96	10,99	Trouble léger; faible odeur.	"
LA CHÉSINE, à Nantes............	13 juillet.	19,00	0,766	Beau.	19,25	5,20	22,35	72,45	0,0920	0,0210	8,60	5,20	22,00	4,30	7,30	23,30	7,20	21,50	Trouble; odeur plus prononcée.	"
LAC DE GRANDLIEU, près de Bouaye..	17 juillet.	21,50	0,739	Beau.	20,04	3,08	29,89	67,02	0,0650	0,0126	9,00	9,00	20,00	9,30	3,00	20,70	00	29,00	Trouble; dépôt sensible; légère odeur marécageuse.	"
Eau filtrée de Loire, à Nantes.........	25 juillet.	"	"	"	"	"	"	"	0,1480	Traces.	2,85	4,50	8,96	18,72	15,85	5,68	20,45	23,77	Très-limpide.	
Dépôt de Chaudières des machines à vapeur.	1.er sept.	"	"	"	"	"	"	"	"	"	4,70	2,20	"	27,05	10,88	0,74	10,52	43,91		Dépôt feuilleté brunâtre. Pris à l'usine de M. Lutz, provenant de l'évaporation de l'eau de Loire.